中 等 职 业 教 育 国 家 规 划 教 材
全国中等职业教育教材审定委员会审定
中等职业教育农业农村部“十三五”规划教材

羊的生产与经营

第三版

肖西山　主编

中国农业出版社
北 京

内容简介

本教材依据中等职业教育特点和我国养羊业发展现状，分为羊场规划与设计、羊的特性与饲料、羊繁殖技术、毛用羊生产技术、肉用羊生产技术、绒用羊生产技术、乳用羊生产技术和羊场管理及经营八个项目。本教材针对养羊业舍饲化、规模化养殖特点，收集了现代养羊业的新技术、新成果，同时注重技术的能用、够用和实用性。编写中采用图、表等表述形式，使学生在学习时一目了然。

第三版编审人员

主　　编　肖西山

副 主 编　乔利敏　孙志峰

编　　者　（以姓氏笔画为序）

王　强　（朔州职业技术学院）

王蕊香　（扎兰屯职业学院）

乔利敏　（北京农业职业学院）

孙志峰　（山西省畜牧兽医学校）

杨述远　（山西省忻州市原平农业学校）

肖西山　（北京农业职业学院）

何　涛　（宁夏农业学校）

房　新　（辽宁省农业经济学校）

审　　稿　张　力

行业指导　孙晓萍

企业指导　段崇杰

第一版编审人员

主编 孟　和（内蒙古锡林浩特牧业学校）

编者 孟　和（内蒙古锡林浩特牧业学校）

杨传迎（山东省聊城师范学院职业技术学院）

张　渊（青海省湟源畜牧兽医学校）

审稿 张瑞中（四川省成都畜牧兽医学校）

第二版编审人员

主编 程　凌（江苏淮安生物工程高等职业学校）

郭秀山（北京农业职业技术学院）

参编（按姓氏笔画为序）

孙志峰（山西省畜牧兽医学校）

何绍钦（山东省济宁农业学校）

段会勇（山东省济宁农业学校）

审稿 孙　伟（扬州大学）

YANG DE SHENGCHAN YU JINGYING

第三版前言

我国是一个多民族的农业大国，在西北、东北以及西南地区有着广袤的草地资源，羊是居住在这些地区各民族人民的生活资料和生产资料，养羊业历史悠久。近些年来，随着农业生产技术的提升，广大农区盛产农副产品，农业产业结构得到不断调整和优化，农区舍饲化、规模化、集约化养羊业发展迅猛，养羊生产水平不断提高，养羊技术水平快速提升。这种集约化养羊模式的发展对养羊从业人员提出了新要求，培养一批既懂现代养羊科学知识，又掌握实践技术和技能操作的技能型人才，就成为职业教育人才培养的目标。本教材由长期从事养羊职业教育、研究、技术推广，在养羊教学、生产上具有丰富经验的农业职业院校的教师以及畜牧技术推广部门的人员编写，同时现代养羊企业具有丰富技术及管理经验的专家对本教材进行了指导，使教材内容更加科学、合理和实用。

本教材针对当前养羊业发展的现状和问题，结合职业教育培养人才的要求和特点，在广泛吸收了现今养羊生产领域的新成果、新技术和新经验的基础上，注重培养学生在生产中的实际动手能力，既具科学性、先进性，又具有实用性和可操作性。教材以养羊企业的工作岗位为目标，设计教学项目和任务，将养羊生产中的主要技术环节融入其中。本教材共分为羊场规划与设计、羊的特性与饲料、羊繁殖技术、毛用羊生产技术、肉用羊生产技术、绒用羊生产技术、乳用羊生产技术和羊场管理及经营八个项目。羊场规划与设计由肖西山编写，羊的特性与饲料由王蕊香编写，羊繁殖技术由杨述远编写，毛用羊生产技术由乔利敏编写，肉用羊生产技术由王强编写，绒用羊生产技术由孙志峰编写，乳用羊生产技术由孙志峰、何涛编写，羊场经营管理由房新编写，肖西山统稿。

由于编者水平所限，本教材难免有不妥之处，敬请广大读者和同行不吝指正。

编　者

2021 年 3 月

第一版前言

本教材是根据教育部2001年颁布的《中等职业学校畜牧兽医专业〈羊的生产与经营〉教学大纲》编写而成，适用于全国中等农业职业学校养殖专业。

本教材是为培养和满足现代养殖业对生产第一线从事专业技术和生产经营技能型人才的要求，本着以能力为本，以职业岗位为目标，注重传授养羊业生产基本知识和基本技能，以突出能力的培养为宗旨，编排了教材内容。

本教材内容包括绵羊生产技术、山羊生产技术、羊病防治和羊的生产经营四大部分。其中，重点介绍了国内外绵山羊主要品种及其生产性能、羊的主要产品、肉羊生产与育肥技术、肥羔生产配套技术、羊的繁殖、品种改良和饲养管理技术、羊的主要传染病和寄生虫病防治措施、羊场建设与生产经营等内容。

本教材具有以下特点：(1) 教材内容紧密联系我国养羊业生产实际，具有较强的针对性、实用性和可操作性。(2) 将养羊业生产领域的新知识、新方法和先进的生产技术引入教材之中，使教材具有一定的先进性和科学性。(3) 教材中反映了国内外养羊业现状和今后的发展趋势，体现了教材的前瞻性和指导性。(4) 教材中简练而较全面地介绍了国外现代肉羊新品种和国内主要绵、山羊品种资源，并增加了肉羊生产与育肥、肥羔生产技术、山羊绒生产和羊病防治及羊的生产经营等新内容，使教材内容更加新颖、丰富多彩。(5) 在结构层次上恰当地编排了基本知识的传授和基本技能的训练课题，并安排了选学内容，显得层次分明，重点突出，体现了职业教育的特色。(6) 本教材体例新颖，图文并茂，内容深入浅出，通俗易懂，也适用于相关的职业培训和广大农牧民自学阅读。

本教材第一单元和第四单元由孟和编写，并完成了全书文稿和图稿的修改及审定工作。第二单元由杨传迎编写；第三单元由张渊编写。张瑞中高级讲师对本书进行了审稿。内蒙古锡林郭勒盟畜牧局的那木吉拉同志提供了品种图片。在稿件的微机处理过程中得到雅梅、柒拾捌、了苏乙拉、锡林花等人的热情帮助。在此谨表谢意。

由于编者水平所限，教材中不足之处和缺点错误在所难免，恳请广大读者批评指正。

编　者

2001年7月18日

第二版前言

《羊的生产与经营》的编写遵循了"以服务为宗旨，以就业为导向，以能力为本位，以学生为主体"的职业教育办学方针，贯彻了体现职业实际应用的技术、经验、知识为主的原则。

教材以羊的产品生产为主线，依据产品的生产过程进行能力的培养与专业知识的阐述。特别强调了羊的发情与妊娠鉴定、羊的人工授精、肉用羊的杂交肥育、饲粮配方与饲草加工利用、羊场选择与设计的技术要领与技术应用；重点突出了绵羊放牧、皮毛分类与检验的生产经验与管理知识。

教材采用了【阅读感知】、【体验感悟】、【随堂练习】、【单元导言】与【单元试题库】的内容结构框架，其【单元导言】揭示单元的学习目标与要求；【阅读感知】是对专业技能培养所需要的知识的阐述；【体验感悟】是对生产技术要领的凝练与训练；【随堂练习】以"看、说、写、议、试、比"等行为驱动课堂互动；【单元试题库】则作为课后作业用于学习内容的提高与巩固。全书图文并茂，科学性、应用性与可读性并重。

教材的编写提纲，第四、六、十一、十二单元由程凌编写并最终统稿。第五单元由郭秀山编写；第一、二、三单元由孙志峰编写；第七、八单元由何绍钦编写；第九、十单元由段会勇编写。江苏省连云港市东辛农场高级中学的戴乐军，灌云县卫生监督所的王立兰、徐运芳参加了编写。

教材适宜安排50～60个教学学时。由于我国幅员辽阔，生态环境条件各异，牧区、农区、山区、半农半牧区等不同地域的养羊业有其自身特点。因此，各学校在教学过程中可根据生产实际情况对教材内容作适当的增减与调整。

囿于作者水平以及编写时间的限制，教材难免出现不足之处，敬请专家、同行与读者赐教。

编　者

2010年5月

目 录

羊场规划与设计

◆【项目导学】

小李是动物科学专业毕业生，应聘了一家公司，接手的第一项工作就是筹备建立一个羊场。小李通过查找相关资料，结合自己所学知识，圆满完成了任务，得到老板赞扬。如果是你接到该项工作，应该如何做？需要掌握、了解哪些知识？期待你从本项目中找到令自己满意的答案。

◆【项目目标】

1. 了解羊场地址选择的原则和羊场的规划、布局。
2. 了解羊场的建筑和羊场的基本设施。

任务一　规模羊场规划与布局

任务导入

近年来，养羊效益较高，一位从未接触养殖行业的老板有意投资修建羊场，选中了一个废弃砖瓦厂作为建设羊场的地址，在咨询养羊专家时被告知该地不适合修建羊场。为什么？哪些地方可以修建羊场？答案就在下面的内容中。

一、羊场规模与配套投入

（一）羊场规模

我国养羊规模差异很大，规模小的有几只、几十只，规模大的有几万只。传统的养羊业主要以放牧为主，养羊规模较大的场、户主要集中在牧区，农区养羊规模较小。随着养羊畜产品由毛主肉从（羊毛生产为主，羊肉生产为辅）向肉主毛从发展，肉羊业发展迅速，农区养羊业快速崛起，养羊规模不断扩大，目前农区出现了不少养羊规模达到万只以上的羊场。

大型羊场和小型羊场各有利弊。大型羊场规模化、集约化程度高，养殖效率高，抵御市场风险能力强；但对养羊技术、现代管理水平要求高。小型羊场的饲草料资源可以自给自足或部分自给，养殖成本相对较低；但养羊技术和管理水平低，养殖效率较低，抵御市场风险能力弱。

（二）羊场资金投入

规模羊场建设所需资金投入依生产规模、管理水平和地区等条件而变化，资金投入主要包括四方面：土地、羊场基础设施建设（包括机械设施）、购羊和流动资金。

1. 土地　不同地域土地租金差别很大，正常情况下，城郊大于农区，农区大于牧区。

2. 羊场基础设施建设　不同地区建筑成本不同，同一地区现代化、机械化程度越高，基础设施建设投资越大。

3. 购羊　羊的品种不同，价格差异很大。同一品种不同生长阶段羊的价格不同。

4. 流动资金　流动资金是企业在生产过程和流通过程中使用的周转金。主要包括：饲料、燃料、药品、人员工资、水、电、暖费用及办公经费等。

【案例】建一个1 000只规模羊场投资概算

羊场总占地面积3 666.7 m^2，有效使用面积3 400 m^2，其中生产区2 800 m^2，生活办公区600 m^2。

1. 固定资产投资

（1）羊舍建设。2 000 m^2×300元/m^2=60万元。

（2）运动场。4 000 m^2×30元/m^2=12万元。

（3）办公、生活用房。600 m^2×400元/m^2=24万元。

（4）青贮池。500 m^3×30元/m^3=1.5万元。

（5）水井及供水设备。1万元。

（6）地面硬化。500 m^2×30元/m^2=1.5万元。

（7）种羊购置。2 000元/只×100只=20万元。

（8）商品羊购置。500元/只×900只=45万元 。

小计：165万元。

2. 流动资金投入

（1）饲料。

①粗饲料（含青贮饲料）。430t×300元/t=12.9万元/年。

②精饲料。90t×2 400元/t=21.6万元/年。

（2）工人工资。3人×18 000元/人=5.4万元/年。

（3）防疫药物等。1万元/年。

（4）租地费用。6 666.7 m^2×1 000元/666.7m^2=1万元。

（5）水电费用及其他。2万元/年。

小计：43.9万元。

总计：208.9万元。

以上投资可获得年出栏商品羊1 200只以上，总经营收入约为72万元。后续不再需要固定资产投入，流动资金投入额和收益与经营方式相关，变化很大。

二、羊场的选址、规划和布局

羊场建设首先是场址的选择。场址选择是否合理，不仅直接影响到羊的生长、生产效率，影响羊场防疫、羊群健康及畜产品安全，而且与人们日常生活息息相关。

（一）羊场选址原则

1. 地势、地形　羊场要求建在地势较高、地形平坦、利于污水排出、干燥、向阳避风的地方。

地势低洼则排水不畅、易于积水。在炎热季节积水，雨水、粪尿融合，潮湿、闷热，如果通风不良，蚊虫、微生物容易滋生，这样就容易导致羊群感染疾病。冬季潮湿阴冷，影响羊的生长、生产。

2. 土壤　羊场的土壤要求通透性好，雨后不积水、不泥泞。

沙壤土、沙土是羊场较为适宜的土壤。黏土通透性差，容易造成地面积水，潮湿泥泞，细菌等微生物和寄生虫滋生，不利于羊群健康。

3. 水源　要求水源充足、取用方便。水质良好，符合我国饮用水标准，无污染，确保人畜安全和健康。

4. 粗饲料资源　羊场周围粗饲料资源要丰富。羊是草食动物，饲料以粗饲料为主，如果羊场周围粗饲料资源不足或匮乏，需要从场外购买，远距离运输时，饲料成本明显增加，养殖效益降低。

5. 交通　虽然羊场选址上要求远离城镇、住宅区和居民点，但同时还要考虑交通便利，因为羊场畜产品的外运和饲草、饲料原料的购进均需要便捷的交通运输条件。

6. 电力配套　随着科学技术的发展，养殖机械化程度不断提高，羊场对电力配套的依赖增强。

7. 卫生防疫　羊场选址应符合兽医卫生和环境卫生的要求。建场前应对周围地区进行调查，尽量选择四周无疫病发生的地点建场。

（二）禁止建设养羊场的区域

羊场选址要符合国家有关法规，在法规不允许建场的地区决不能建场。

羊场选址必须符合国家颁布实施的《畜禽规模养殖污染防治条例》之规定，该规定第十一条明确禁止在下列区域内建设畜禽养殖场、养殖小区：饮用水水源保护区，风景名胜区；自然保护区的核心区和缓冲区；城镇居民区、文化教育科学研究区等人口集中区域；法律、法规规定的其他禁止养殖区域。

（三）羊场规划和布局

1. 羊场各区域的划分及功能　羊场通常可分为管理区（办公区、生活区）、生产区（主生产区、辅助生产区）、隔离区和废污处理区四大区域。

（1）管理区。主要功能是羊场生产和经营的管理。管理区细分为办公区和生活区。办公区主要包括办公室、技术资料室、实验室、会议室、门卫等；生活区主要包括食堂、职工宿舍。管理区应紧邻大门内侧，在规划布局上除考虑地势、地形、主风向外，还应出入便利、与外界联系方便。

（2）生产区。主要功能是羊群的饲养、管理和畜产品的生产。可分为主生产区和辅助生产区。主生产区为羊群生活的场所，是羊场的核心区域，主要包括羊舍、饲料加工、贮存间、畜产品生产室（毛用羊剪毛室、乳用羊挤乳间）等。辅助生产区主要包括供电、供水、机械维修车间等，辅助生产区位于管理区与主生产区之间。

（3）隔离区。主要功能是对病羊的饲养管理和治疗。主要包括病羊饲养舍、兽医治疗室。地势应低于管理区和生产区，同时处于管理区和生产区的下风向。

（4）废污处理区。主要功能是对羊场排出的粪尿、污水进行综合治理，对死畜开展无害化处理。废污处理区处于羊场地势最低、下风向位置，该区域尽可能与外界隔离，具有单独的出入口和通道。

2. 羊场规划、布局的总体要求 羊场地址选好后，要根据当地主风向规划布局各功能区。

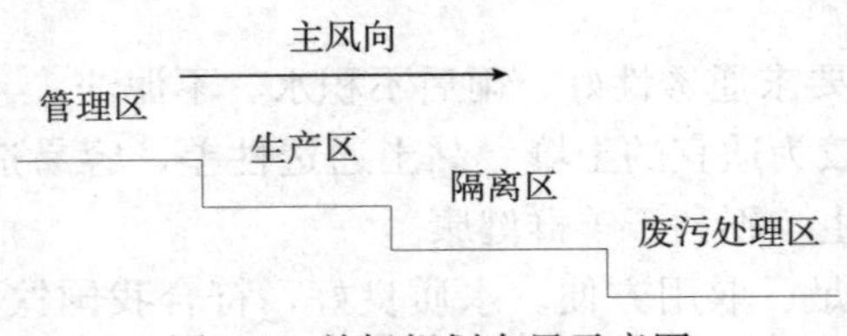

图 1-1 羊场规划布局示意图

（四）羊场规划与布局的原则

1. 节约土地资源 土地是不可再生的资源，我国人均土地面积不大，尤其是耕地面积少，在满足生产工艺要求的前提下，羊场建筑物布局尽可能集中，少占土地，节约土地资源。

2. 方便生产、便于防疫 羊场各功能区功能明确、界限清晰，便于防疫。

3. 符合环保要求 随着环境意识不断加强，保护和改善环境是每个行业应尽的责任。

三、羊舍设计要求

羊舍建造与环境控制

1. 羊舍及运动场面积 根据饲养羊的数量、品种和饲养方式来确定羊舍面积大小，面积过大，浪费土地和建筑材料；面积过小，羊在舍内过于拥挤，环境质量差。种公羊（单栏饲养）4～6m²/只，成年种公羊群养 1.8～2.25 m²/只，育成公羊 0.7～0.9 m²/只，产羔母羊 1.4～2.0 m²/只，其他羊 0.7～1.0 m²/只。羊产房面积可按产羔母羊所需羊舍面积的 20%～25%建设。

运动场面积一般为羊舍面积的 2～2.5 倍。

2. 羊舍温度 羊虽然抗寒冷，但母羊刚分娩后体能消耗大、体质较弱，新生羔羊抗寒冷能力差，因此冬季产羔舍（产房）内温度应保持在 8 ℃以上，一般羊舍内温度最好保持在 5 ℃以上，不能低于 0 ℃，夏季羊舍温度不应超过 30 ℃。

3. 羊舍湿度 羊舍应保持干燥，地面不能太潮湿，空气相对湿度以 50%～70%为宜。

4. 通风换气 羊的养殖密度较大，冬季封闭式羊舍舍内空气污浊，有害气体浓度高，通风换气可以排出舍内污浊空气和有害气体，保持舍内空气新鲜，利于羊群健康。

任务二 羊场建筑要求

任务导入

北方某羊场建成后引进繁殖母羊投入生产，母羊产羔后羔羊死亡率很高，成活的羔羊精神状态差、四肢无力，于是请专家寻求解决方案，经过专家实际观察和调查分析，发现羊舍为封闭式，房顶采用彩钢保温板，舍内通风良好，羊舍冬暖夏凉，但没有建设室外运动场，母羊和羔羊一年四季待在室内，羔羊长期缺少阳光照射是导致四肢无力的主要原因。羊场的建筑如何建造才合理，学习完任务二就会明白。

一、羊舍

（一）羊舍类型

不同类型羊舍，在提供良好小气候条件上有很大的差别。根据不同结构划分标准，将羊舍划分为若干类型。

1. 根据羊舍四周墙壁封闭的严密程度分类　羊舍可划分为封闭式羊舍、半开放式羊舍和开放式羊舍三种类型。

封闭式羊舍四周墙壁完整，保温性能好，适合较寒冷地区采用（图 1-2）。

图 1-2　封闭式羊舍

半开放式羊舍三面有墙，一面有半截墙或无墙，通风采光好，保温性能较差，适合于温暖地区（图 1-3）。冬季有些半开放式羊舍使用塑料薄膜将开放部分封闭，起到了较好的保温作用。

开放式羊舍只有屋顶而没有墙壁，适合于炎热地区（图 1-4）。冬季用塑料布将开放部分封闭，可挡风保温。

图 1-3　半开放式羊舍

图 1-4　开放式羊舍

2. 根据羊采食位的列数分类　分为单列式和双列式两种。

单列式羊舍内只有一排采食位（图 1-5）。单坡式羊舍多为单列式。

双列式羊舍内有两排采食位（图 1-6）。大型羊场多采用双列式。

3. 根据羊舍屋顶的形式分类　可将羊舍分为单坡式（图 1-7）、双坡式（图 1-8）、拱式、钟楼式、双折式等类型。单坡式羊舍跨度小，自然采光好；双坡式羊舍跨度大，保暖能力强，但自然采光、通风差。在寒冷地区还可选用拱式、双折式、平屋顶等类型，在南方炎

图 1-5　单列式羊舍

图 1-6　双列式羊舍

热、潮湿地区可选用阁楼式羊舍（图 1-9）。

图 1-7　单坡式羊舍

图 1-8　双坡式羊舍

图 1-9　阁楼式羊舍

（二）羊舍建筑

1. 地面　地面是羊群活动、采食和排泄的地方。羊舍地面主要用水泥、砖、土、木质、竹子和塑料等材质建成。

水泥和砖地面坚硬、平整，便于羊舍清扫和消毒，但坚硬的地面对羊蹄保护不利，目前应用较为普遍。

土地面投资小、成本低，适合于降水量少的干燥地区。在降水量较大、潮湿地区，土地面遇水后潮湿泥泞，羊群长期在潮湿泥泞的地面活动、休息，羊体健康、羊毛生产会受到不利影响。

木质、竹子和塑料地面通常做成漏缝式，羊粪便掉入粪槽内，可保持地面清洁。这种地面基本不用清扫，消毒容易，但成本较高，一次性投资大。

2. 羊床　羊床是羊躺卧、休息的场所，要求洁净、干燥，羊群躺卧舒服。水泥或砖做成的羊床需要每天定时清扫，木条、竹片和塑料材质的羊床条与条之间有一定缝隙，羊粪掉入下方的粪槽内，由自动刮粪板定时清除，可保持羊床干净（图 1-10、图 1-11）。

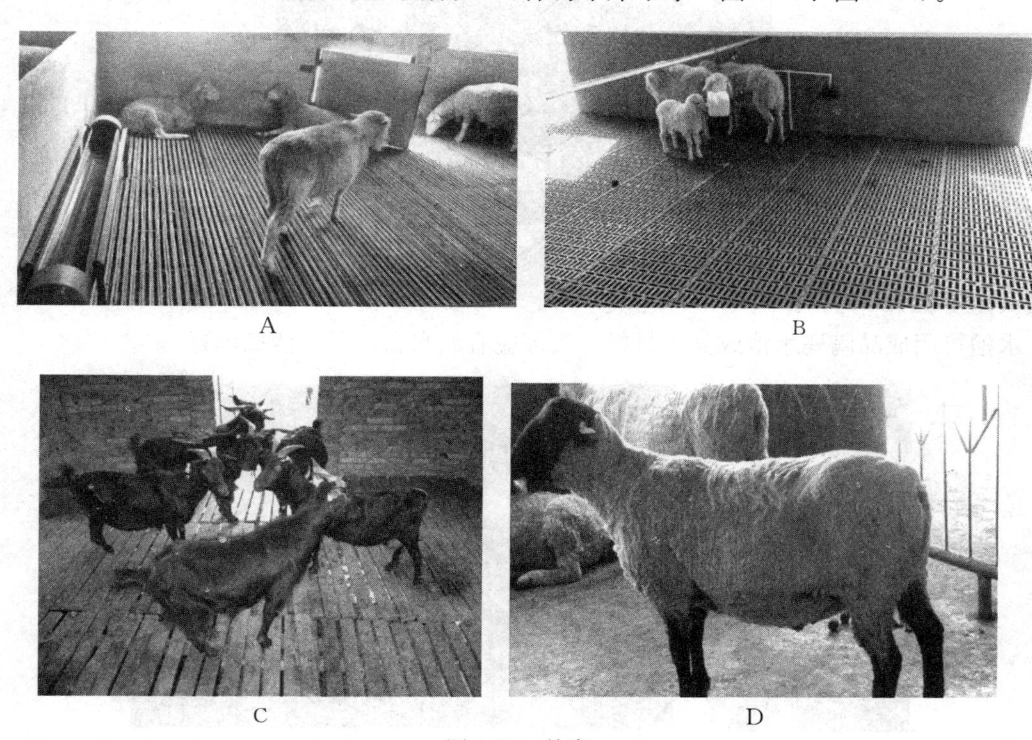

图 1-10　羊床

A. 竹质羊床　B. 塑料羊床　C. 木质羊床　D. 水泥羊床

图 1-11　羊床下方的粪槽及刮粪板

3. 墙体　墙体要求保温、隔热效果好，一般多采用砖混材料。

4. 屋顶　屋顶应具备防雨和保温隔热功能。挡雨层可用陶瓦、石棉瓦、金属板和油毡等制作。近年来羊舍建筑中应用了许多新型建筑材料如彩钢板（图 1-12）等，这些材料建造的畜舍外形美观、性能好，是今后羊场建造的发展方向。

5. 食槽和水槽　食槽通常设计在羊舍内部，以防雨水和冰冻。食槽可用水泥、铁皮等材料建造，深度一般为 15 cm，不宜太深，底部应为圆弧形，四角也要用圆弧角，以便清洁

图 1-12　彩钢板屋顶

打扫（图 1-13）。

水槽可用成品陶瓷水池或其他材料，底部应有放水孔，便于清扫消毒。

图 1-13　食槽

二、运动场

羊白天大部分时间都是在运动场活动、休息，适当的活动可以增强羊的体质及免疫力，降低疾病发生率。运动场是羊场不可缺少的建筑，紧连羊舍，与羊舍有通道，运动场应开阔、平整，地面可以用砖或三合土铺成。运动场地面应低于羊舍地面，并有一定坡度，一边设有排水沟，使运动场内不积水，保持清洁干燥，排水畅通。运动场围栏外可种植一排树木或在运动场上空搭盖活动式遮阳布，天气炎热时打开遮阳布挡住烈日。运动场边缘设有围栏，防止羊群乱跑。

图 1-14　运动场

三、草棚和青贮窖

羊是草食动物，日粮以牧草为主，羊场贮藏的干牧草较多，这些牧草若常年露天堆放，风吹日晒及雨雪进入牧草中会影响牧草质量，严重时可使牧草变质发霉，羊食用后可引起疾病及流产，同时牧草露天存放也会留下火灾隐患。因此草棚是羊场必不可少的建筑之一。草棚地面要高于四周，周围排水畅通，屋顶要结实，防漏雨（图 1-15）。

图 1-15 草棚

青贮饲料是羊的主要饲料之一，目前常见的青贮窖形式主要有地上青贮窖、地下青贮窖、青贮塔和青贮包等（图 1-16）。地上青贮窖排水方便，但制作青贮饲料时费事费力；地下青贮窖制作青贮饲料时容易，但排水困难，窖内容易积水，影响青贮饲料质量和效果；青贮包每包量少，开包后就饲喂，避免了二次发酵对青贮饲料质量的影响，但制作成本高。

A

B

图 1-16 青贮

A. 青贮窖 B. 青贮包

四、饲料加工车间

羊场的饲料加工车间主要是对羊所采食的饲料进行加工配制的场所，分为粗饲料加工和精饲料加工两个车间。

五、挤乳车间

挤乳车间地面、墙壁要平整、坚硬，不渗水漏水，便于清洗和消毒。挤乳车间包括待挤区、挤乳间、贮乳间、设备间、更衣间等。

六、剪毛车间

剪毛车间包括剪毛区、羊毛分拣区和打包区等。剪毛车间要求地面平整、干净、干燥，便于清扫、消毒。

任务三　羊场生产设施

任务导入

随着畜牧业科技水平的不断发展，养殖机械化水平快速提升。某羊场采用投喂车饲喂方式，不但饲喂速度快，饲料混合均匀，饲喂效果好，而且大大节省人力，为羊场减少了一大笔人工支出。

一、饲喂和饮水设备

羊的饲喂设施主要包括食槽和投喂设备。食槽一般设计在羊舍内部，以防雨雪和冰冻，食槽可用水泥、铁皮等材料建造。有些羊场为了提高饲喂效率，减少饲喂员工，降低饲喂人员的劳动强度，采用投喂车自动投料方式，这种投喂车（图 1-17）可将精饲料、多种粗饲料搅拌均匀。

图 1-17　投喂车

水槽可用成品陶瓷水池或其他材料，底部应有放水孔。目前一些羊场使用自动鸭舌饮水器。

二、饲料加工设备

羊场饲料加工设备主要有粗饲料粉碎机、精饲料粉碎机、搅拌机、混合机和颗粒制作机等（图 1-18）。目前不少羊场开始使用颗粒饲料，颗粒饲料虽然成本高，但饲料的浪费和损耗少。

A

B

C

图 1-18　饲料加工设备
A. 粗饲料粉碎机　B. 搅拌机　C. 饲料混合机

三、剪毛（梳绒）设备

毛用羊以生产羊毛为主，每年在适当时间剪毛。羊的剪毛有机械剪毛和手工剪毛两种，机械剪毛在羊场剪毛车间内的剪毛台上进行（图 1-19A），剪毛台由木质材料建成，上方固定剪毛机（图 1-19B）。机械剪毛速度快、毛茬相对整齐，省力。手工剪毛需要剪毛剪，通常在剪毛车间的地面上进行，剪毛速度较慢，毛茬不整齐，劳动强度大。

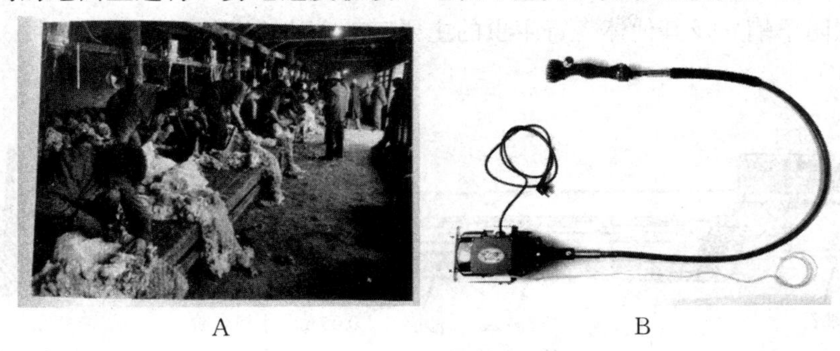

A　　　　B

图 1-19　剪毛机剪毛

A. 剪毛场所　B. 剪毛机

我国北方的山羊大部分都生产山羊绒。目前，大部分羊场采用手工梳绒，梳绒工具为金属梳子，梳子有两种：一种为稀梳，另一种为密梳（图 1-20）。

图 1-20　梳绒梳子

四、挤乳设备

奶山羊的挤乳设备随着畜牧科技的不断发展而提升。挤乳设备主要有移动式挤乳器（图 1-21A），每个挤乳器每次只能挤一只羊，也有每次可以挤多只羊的可移动式挤乳器。一些较大型奶山羊场使用单列台式挤乳器，台式挤乳器有十几个羊位或更多（图 1-21B）。目前个别大型奶山羊场采用转盘式挤乳台，挤乳效率更高。

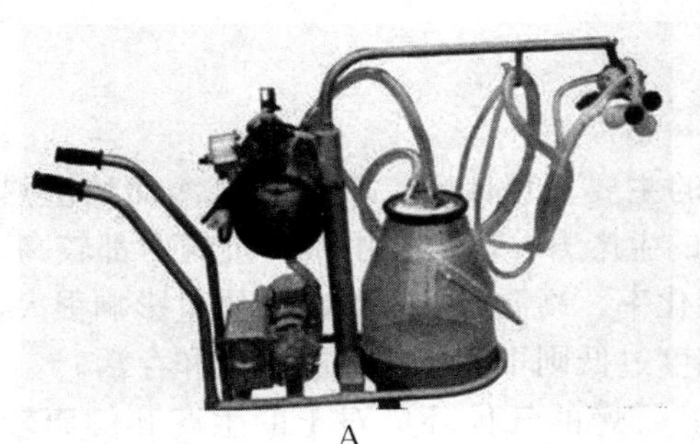

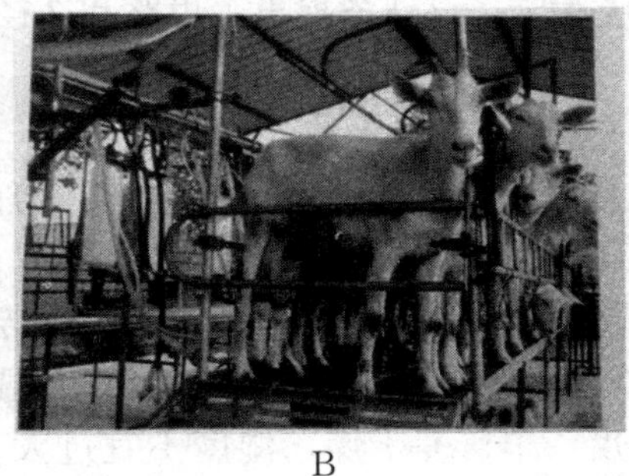

A　　　　B

图 1-21　挤乳设备

A. 移动式挤乳器　B. 台式挤乳器

五、药浴设备

药浴是预防羊螨病及其他体表寄生虫的主要有效方法。药浴设备有药浴场、淋浴式药浴装置（图 1-22）。

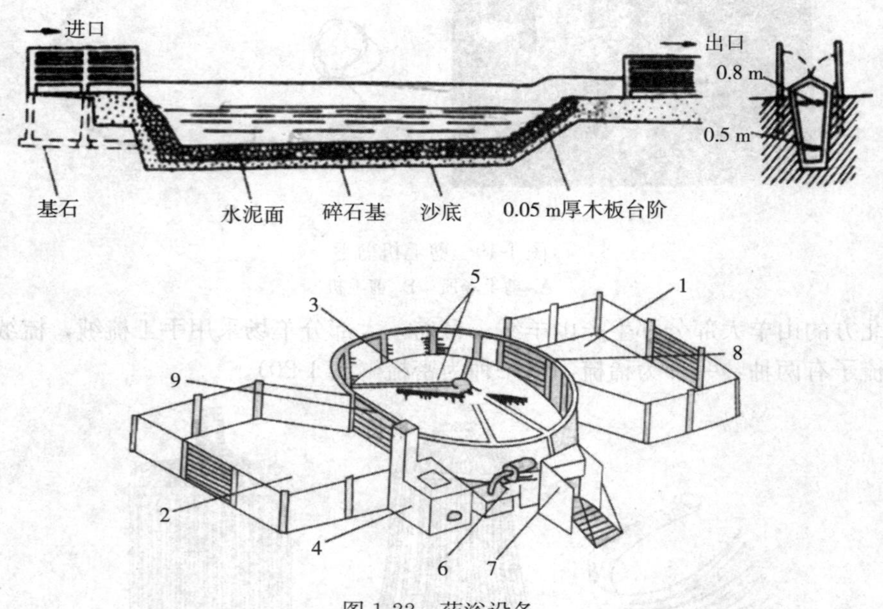

图 1-22　药浴设备

1. 待药浴羊栏　2. 药浴后羊栏　3. 药浴场　4. 水加热装置
5. 喷头　6. 水泵　7. 控制台　8. 药浴场入口　9. 药浴场出口

任务四　羊场环境控制

任务导入

随着环境意识的不断增强，养殖场的污染越来越受到重视，国家制定并发布了《畜禽规模养殖污染防治条例》，违反者将受到重罚，甚至必须关闭养殖场。如何将羊场的粪污合理利用，变废为宝，该任务提出了思路和途径。

一、适宜生产环境

1. 温度　温度是影响羊健康和生产力的主要环境因素，羊是耐寒冷而怕湿热的动物，羊的适合温度为 7～24℃，在此范围内，羊的生产力、饲料利用率和抗病力都较高。温度过高使羊的散热发生困难，影响采食和饲料转化率，高温对公羊的精液质量影响很大，同时高温对母羊的繁殖性能也会产生不利影响。温度过低则不利于羔羊的健康和存活。

2. 湿度　羊喜爱干燥，湿度不宜过大。干燥的气候环境对羊的生产和健康较为有利。高温、高湿的环境容易导致各种微生物的繁殖，使羊易患腐蹄病和内外寄生虫病。

3. 光照　羊属于季节性繁殖动物。某些品种羊在舍饲条件下可四季发情，季节性发情已有所减弱，但光照对羊的繁殖具有直接影响，当阳光由长日照向短日照过渡时羊开始集中发情。强烈的阳光照射会对羊的被毛产生不利影响。

二、环境调控措施

1. 温度的调控　羊是耐寒怕湿热的动物。我国南方地区夏季炎热且湿度大，对羊的生长、生产影响较大，因此夏季应对羊舍加大通风，不论羊舍是封闭式、开放式或半开放式均采用机械吹风，降低高温对羊的影响。我国北方地区冬季气候寒冷，应做好保暖措施，特别是产房，新生羔羊对环境温度的要求比成年羊要高，如果羊舍温度过低，羔羊的死亡率将会明显提高。

2. 羊舍环境卫生控制　规模化羊场羊的密度大，冬季在密闭式羊舍中，羊的粪尿和呼吸产生的有害气体不利于羊的健康、生长及生产。因此羊舍内应通风换气，减少有害气体对羊的危害。

三、废弃物综合利用

(一) 羊粪的主要成分

羊粪是家畜粪肥中养分最浓，氮、磷、钾含量最高的优质有机肥（表1-1）。每只羊平均每日排泄量2～3 kg，粪尿比3∶1。

表1-1　羊粪尿与其他畜粪尿成分对比（%）

鲜物	水分	有机质	氮（N）	磷（P_2O_5）	钾（K_2O）
猪粪	69.4～82.0	15.0～18.1	0.47～1.09	0.22～1.76	0.14～0.44
猪尿	94.0～98.0	0.022～2.5	0.17～0.78	0.03～0.16	0.16～1.00
牛粪	80.0～85.0	12.35～18.0	0.25～0.94	0.06～0.44	0.10～0.34
牛尿	92.5～99.3	0.022～3.1	0.17～1.10	0.004～0.10	0.16～1.89
羊粪	65.0～68.0	28.0～31.4	0.65～0.75	0.26～0.50	0.20～0.25
羊尿	87.0～87.5	7.2～8.0	1.40～1.50	0.03～0.196	1.80～2.10

(二) 羊粪对环境的污染

1. 对水的污染　如果羊场或羊粪堆积处距离水源很近，水源在受到长期大量的羊粪尿污染时，可能造成水体中的许多病原微生物和寄生虫病的流行。粪便中有机物的厌氧分解导致水品质恶化，不能饮用。

2. 对土壤的污染　羊粪是优质有机肥，但未经处理或腐熟的羊粪对土壤有一定危害。

（1）羊粪中含有大肠杆菌、线虫等病菌和害虫，直接使用会导致病虫害的传播，诱发作物发病。

（2）未经处理的羊粪施到土壤中后，当发酵条件具备时，羊粪在微生物的活动下发酵，当发酵部位距植物根部较近且作物植株较小时，发酵产生的热量会影响作物生长，烧毁作物根系，严重时导致植株死亡。同时有机质在分解过程中消耗土壤中的氧气，使土壤暂时性地处于缺氧状态，会使作物生长受到抑制。

（3）未发酵腐熟的有机肥料中养分多为有机态或缓效态，不能被作物直接吸收利用，只有分解转化成速效态才能被作物吸收利用，所以未发酵羊粪有机肥直接施用会使肥效减慢。

（三）羊粪的综合利用

1. 堆肥腐熟，还田利用

（1）原理。羊粪富含粗纤维、粗蛋白质、无氮浸出物等有机成分，这些物质与垫料、秸秆、杂草等有机物混合、堆积，创造适宜的发酵环境，微生物就会大量繁殖，此时有机物会被分解、转化为无臭、完全腐熟的活性有机肥。高温堆肥能提高羊粪的质量，在堆肥结束时，全氮、全磷、全钾含量均有所增加，堆肥过程中形成的特殊高温理化环境能杀灭羊粪中的有害病菌、寄生虫卵及杂草种子，达到无害化、减量化和资源化，从而有效解决羊场因粪便所产生的环境污染问题。堆肥的优点是技术和设施较简单，施用方便，无臭味，而且腐熟的堆肥属迟效肥料，牧草及作物使用安全有效。

（2）技术路线。羊场的粪便经收集后，运送到粪便发酵池（场）堆积、发酵，腐熟后可直接还田，也可通过机械粉碎、造粒，成为便于包装运输和施用的商品有机肥。

（3）工艺流程。羊场粪便被收集、运输到堆放发酵场内发酵，发酵时提供足够的氧，保持适宜的水分，含水率应在40％～55％，控制好发酵时的温度。发酵好的羊粪可以直接还田，也可经粉碎、造粒、装包，制成便于运输的有机肥。

在羊粪腐熟发酵时，可在羊粪中加入垫料、秸秆、杂草等有机物以及适量微生物，减少臭味和发酵时间。

（4）使用的机械设备。电动刮板清粪系统、自卸式运粪车、粪便发酵贮存场、粉碎机等。

粪便发酵贮存场的建设要求：粪场应远离水源，应具有防渗、防漏、防雨功能，避免污染地下水及土壤。

2. 生产沼气

（1）原理。依托现代化的设备组成比较完善的处理系统，利用厌氧细菌将羊粪便经过一系列的生物发酵处理，产生以甲烷为主的一种混合气体——沼气。

（2）技术路线。羊场粪便和污水收集后混合，进入厌氧发酵池（罐）产生沼气，成为洁净能源替代普通能源，沼液、沼渣成为有机肥。

（3）工艺流程。羊场污水和羊粪便进入混合池，经搅拌混合均匀后，由水泵运送进入发酵池（罐），进入厌氧发酵罐发酵产生沼气，沼气进入贮存罐作为能源被利用，沼液、沼渣作为肥料用于农田。

（4）使用的机械设备。电动刮板清粪系统、自卸式运粪车、粪便混合池、搅拌机、水泵、沼气发酵池（罐）、沼气贮存罐等。

【案例】

上海永辉羊业有限公司的羊粪有机肥料加工生产工艺（资料来源于丁鼎立、方永飞，2010. 养羊场粪污的治理和羊粪有机肥加工）

1. 技术要点　以羊粪为主要原料，按比例加入经粉碎的辅料如秸秆粉、谷糠粉及菇渣等农业废弃材料和生物菌种，调节水分、通气性、碳氮比，并去除杂质，通过翻抛机在发酵棚内反复翻抛，使其在规定的温度内经过一定时间的发酵，符合标准后经原料粉碎机粉碎，经过粉碎的原料一部分可作为粉状有机肥包装出售，另一部分则进入混合机、加粉机、挤压机、造粒机制成颗粒有机肥，通过计量包装后出售。

2. 关键技术　有机肥制作的关键是堆肥发酵，目前通用的是好氧堆肥发酵，主要环节为前处理、一次发酵（主处理或主发酵）、二次发酵（后熟发酵）、后加工。

掌握现代发酵技术的关键是：①调节堆肥的原料组成；②接种生物菌；③通气增氧；④控制起始温度和湿度。

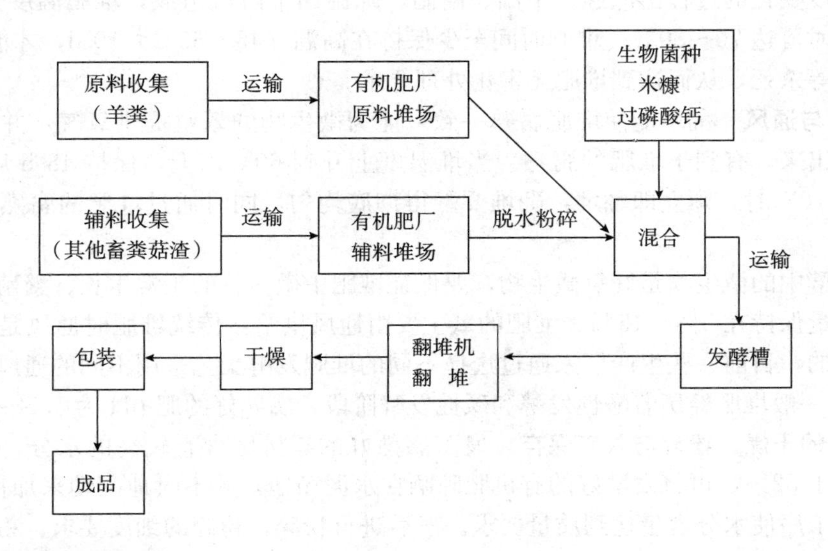

3. 加工流程的技术要求

（1）菇渣粉碎备用，猪粪用脱水机脱水至含水量为45%～50%备用，然后按照60%的羊粪、15%的脱水猪粪、23%粉碎菇渣进行充分混合。

（2）把0.1%的生物菌种加入1%的米糠中混合均匀，再加入0.9%的过磷酸钙进行混合，然后撒入混合物料中充分混合。

（3）把混合物料用自来水调节水分至40%～45%，送入发酵槽，开动翻堆机进行翻堆，发酵槽宽度3～6 m，物料高度最好控制在70～80 cm。

（4）第一次翻堆过后，第二天堆温达55℃时再进行第二次翻堆。以后温度达到65℃时立即进行翻堆，控制温度不要超过65℃。

（5）当物料发酵6～10 d之后，如果臭味完全消除，菌丝密布，待温度下降到30～40℃、含水量为30%左右时，即可进行粉碎，并根据需要加入微量元素混合包装。

4. 质量控制

（1）原材料配比。以羊等畜禽粪便作为商品有机肥料生产的原料，主要控制粪便中的杂草、泥沙、石头、金属硬块、畜禽药物残留、重金属残留及带有传染性病原的粪便等。

商品有机肥料常用秸秆、稻壳、木屑等作为辅料，对于辅料质量要求主要是：辅料粒径不大于2 cm，没有粗大硬块，具有良好的吸水性和保水性。

（2）含水量与碳氮比。合适的水分及碳氮比有利于微生物的繁殖，同时可加快堆肥的升温速度，水分和碳氮的调控可以通过控制原料和辅料的比例来实现。一般堆肥水分控制在50%～68%，碳氮比控制在（23～28）：1。

3. 生物菌剂与温度调节 虽然粪便和辅料本身带有一定数量的微生物，但这些仍不足以保证堆肥迅速升温腐熟，所以投入高效的微生物菌剂是必须且有必要的。原始菌剂的有效活菌数（微生物）要大于 10^9个/g，添加菌剂后要将菌剂与原辅料混匀，并使堆肥的起始有效微生物量达 10^6个/g 以上。

堆肥温度变化的过程由低温、中温、高温、降温四个阶段组成，堆肥温度一般在 50～60℃，最高时可达 70～80℃。堆肥时间至少保持在高温（45～65℃）10 d，才能将病原菌、虫卵、草籽等杀死，从而达到堆肥无害化处理要求。

4. 翻堆与通风 翻堆能使堆肥腐熟一致，能为微生物的繁殖提供氧气，并将堆肥产生的热量散发出来，有利于堆肥的腐熟。当堆温度上升到 60℃以上，保持 48 h 后开始翻堆，当温度超过 70℃时，须立即翻堆，翻堆要翻得彻底均匀，同时通过堆肥的腐熟程度确定翻堆次数。

堆肥发酵中的微生物是好氧微生物，要保证堆肥中微生物的正常生长、繁殖，必须将堆肥中的含氧量保持在 5%～15%。堆肥的氧主要由通风供给，传统堆肥时通风是通过翻堆和搅拌来实现的，目前一些生产厂家通过选择不同的堆肥发酵工艺采用不同的通风方法。

5. pH 一般堆肥经历着酸性发酵和碱性发酵阶段，腐熟好的肥 pH 为 5.5～8.0。

6. 产品的干燥、粉碎与入库保存 发酵腐熟好的有机肥含有较高的水分，为了使游离水分含量小于 32%，可将发酵好的有机肥晾晒在水泥场地，并不时地翻动来加快晾干过程，或经过烘干工序使水分含量达到质量要求。然后进行粉碎，粉碎的细度要求：粉状有机肥料细度 1.0～3.0 mm 达到 80%及以上；颗粒有机肥料细度 1.0～8.0 mm 达到 80%及以上。

入库保存的每一批有机肥料都要贴上标识分开堆放，并防止受潮变质。

复习题

一、填空题

1. 规模化羊场通常可分为________、________、________和________四大区域。

2. 羊舍有多种形式，根据羊舍四周墙壁封闭的严密程度，将羊舍分为________、________和________三种类型。

二、简述题

1. 简述羊场选址原则。

2. 简述适宜养羊生产的主要环境条件。

3. 简述我国禁止建设养殖场的区域。

小论坛

1. 羊场规模是否越大越好，为什么？

2. 结合你了解的情况，提出治理羊场粪污的方法措施。

羊的特性与饲料

◆【项目导学】

羊在长期驯养过程中形成了不同的生物学特性，了解羊的消化生理特点和生物学特性对科学地发展养羊业具有非常重要的意义。饲料是养羊的物质基础，足够的饲料贮藏是保证养羊场全年正常生产的前提。羊的饲料选择应因地制宜、重点发挥和利用地方饲料资源优势，合理地加工调制，提高各种饲料原料的消化率；无论是舍饲还是放牧，羊肉、羊毛、羊乳等羊产品是由羊采食的饲草饲料在羊体内经过复杂的生理生化过程转换而来的，是以摄入的营养物质为基础。因此在了解羊的营养需要和饲养标准前提下合理地配合日粮以满足不同用途羊的营养需要对养羊生产十分必要。

◆【项目目标】

1. 了解羊生物学特性和羊消化生理特点。
2. 会识别羊常用饲料种类，能说出其主要营养特点，并掌握其加工调制方法。
3. 理解羊营养需要及饲养标准，掌握羊日粮配制方法和步骤。

任务一 羊的生物学特性

任务导入

养了多年羊的李某在每年接羔季节总能遇到几只出生后由于各种原因吃不到亲羊乳的羔羊，但是李某总能想出一些办法将这些羔羊过寄到其他母羊身边，李某是如何保障这些羔羊健康生长的呢？

一、羊的生活特性

1. 合群性强 羊的群居行为很强，很容易建立起群体结构，主要通过视、听、嗅、触等感觉器官活动传递和接受各种信息，以保持和调整群体成员之间的活动，头羊和群体内优胜序列有助于维系此结构。在放牧羊群中，通常是原来的熟悉的羊形成小群体，小群体再构成大群体。在自然群体中，羊群的头羊多是由年龄较大、子孙较多的母羊来担任，也可利用山羊行动敏捷、易于训练及记忆力好的特点选择头羊。经常掉队的羊往往不是患病，就是老弱跟不上群。

一般来说，山羊的合群性好于绵羊；绵羊中的粗毛羊好于细毛羊和肉用羊。利用合群性，在羊群出圈、入圈、过河、过桥、饮水、药浴、换草场、运羊等活动时，只要头羊先行，其他羊即跟随头羊前进并发出保持联系的叫声，为生产管理提供方便。但由于群居行为强，不同羊群间距离近时容易混群，故在管理上应避免混群。

2. 采食性广 羊具有薄而灵活的嘴唇和锋利的牙齿，能利用其他家畜不能利用的饲草饲料，采食能力强。多种牧草、灌木、农副产品以及禾谷籽实等都能被其利用。在对600多种植物的采食试验中，山羊能采食其中88%，绵羊为80%，而马、猪则分别为64%和46%。

3. 喜干厌湿 养羊的牧地、圈舍和休息场所都以干燥为宜。如养在泥泞潮湿之地，羊易患寄生虫病和腐蹄病，甚至使毛质降低，脱毛加重。根据羊对湿度的适应性，一般相对湿度高于85%时为高湿环境，低于50%为低湿环境。我国北方地区相对湿度在40%～60%，故适于养羊；而南方的高湿、高热地区则较适于养山羊和长毛肉用羊。

根据羊喜干厌湿的特点，在圈养条件下，设计和建造羊舍时要特别注意羊舍的通风换气和干燥的问题，有条件时，尽量实行网上养羊。

4. 嗅觉灵敏 羊的嗅觉比视觉和听觉更灵敏。羊靠嗅觉识别羔羊，羔羊出生后与母羊接触几分钟，母羊就能通过嗅觉鉴别出自己的羔羊。利用这一点可在生产中寄养羔羊，即在被寄养的孤羔和多胎羔羊身上涂抹保姆羊的尿液，寄养多会成功。羊在采食时能依据植物的气味区别各种植物或同一植物的不同品种，选择蛋白质含量多、粗纤维含量少、没有异味的牧草采食。羊喜欢饮用清洁的流水、泉水或井水，而对污水、脏水等拒绝饮用。

5. 善于游走 游走有助于增加放牧羊的采食空间，特别是牧区的羊终年以放牧为主，需长途跋涉才能吃饱饮足，故常常一日往返里程达到6～10 km。山羊具有平衡步伐的良好能力，喜登高，善跳跃，采食范围可达崇山峻岭、悬崖峭壁。

6. 神经活动 山羊反应灵敏，活泼好动，记忆力强，易于训练成特殊用途的羊；而绵羊性情温顺，胆小易惊，反应迟钝，易受惊吓而出现“炸群”。

7. 适应能力 适应性主要包括耐粗、耐渴、耐热、耐寒、抗病、抗灾度荒等方面的表现。适应能力的强弱不仅直接关系到羊生产力的发挥，同时也决定着各品种的发展。例如在干旱贫瘠的山区、荒漠地区和一些高温、高湿地区，绵羊往往难以生存，山羊则能很好地适应。

（1）耐粗性。羊在极端恶劣条件下具有令人难以置信的生存能力，能依靠粗劣的秸秆、树叶等维持生活。与绵羊相比，山羊更能耐粗饲，除能采食各种杂草外，还能啃食一定数量的草根、树皮，对粗纤维的消化率比绵羊高3.7%。

（2）耐渴性。羊的耐渴性较强，尤其是当夏、秋季缺水时，它能在黎明时分沿牧场快速移动，用唇和舌接触牧草，收集叶上凝结的露珠。在野葱、野韭、野百合等牧草分布较多的牧场放牧，可几天乃至十几天不饮水。比较而言，山羊更耐渴，山羊每千克体重代谢需水188 mL，绵羊则需水197 mL。

（3）耐热性。绵羊汗腺不发达，蒸发散热主要靠呼吸，其耐热性比山羊差，故当夏季中午炎热时，常有停食、喘气和扎堆等表现；而山羊却从不扎堆，气温在37.8℃时仍能继续采食。粗毛羊与细毛羊比较，前者较能耐热，只有当中午气温高于26℃时才开始扎堆；而后者在22℃左右即有此种表现。

（4）耐寒性。绵羊由于有厚密的被毛和较多的皮下脂肪，可以减少体热散发，故其耐寒性高于山羊。细毛羊及其杂交后代的被毛虽厚，但皮板较薄，故其耐寒能力不如粗毛羊；长毛肉用羊原产于英国的温暖地区，皮薄毛稀，引入气候严寒之地后，为了增强其耐寒能力，皮肤常会增厚，被毛有变密、变短的倾向。

（5）抗病性。放牧条件下各种羊要能吃饱饮足一般全年发病较少。在夏、秋季膘情好时，对疾病的耐受能力强，一般不表现症状，有的临死还勉强吃草跟群。为做到有病早治，必须细致观察才能及时发现。山羊的抗病能力强于绵羊，也较少感染体内寄生虫和腐蹄病。粗毛羊的抗病能力较细毛羊及其杂交后代强。在舍饲条件下，由于受羊种驯化程度和管理方式的影响，发病程度表现不一。

（6）抗灾度荒能力。是指羊对恶劣条件的忍耐力，其强弱与放牧采食能力有关外，还决定于脂肪沉积能力和代谢强度。各种羊的抗灾能力不同，故因灾死亡的比例相差很大。例如山羊因采食量较小、食性较杂，抗灾度荒能力强于绵羊；细毛羊因羊毛生长需要大量的营养，而又因被毛的负荷较重故易消瘦，体重损失比例明显较粗毛羊多；公羊因强悍好斗，配种时体力消耗大，若无补饲条件，则体重损失比例要比母羊大，特别是育成公羊。

二、羊的消化特性

1. 羊的消化器官特点 羊属于反刍类家畜，具有复胃结构，分为瘤胃、网胃、瓣胃和皱胃 4 个胃。其中，前 3 个胃总称为前胃，胃黏膜无消化腺；皱胃称为真胃，胃壁黏膜有腺体，其功能与单胃动物相同。绵羊胃的总容积约为 30 L，山羊为 16 L 左右，各胃容积占总容积比例明显不同。瘤胃容积最大，其功能是贮藏较短时间采食的未经充分咀嚼而咽下的大量饲料，待休息时反刍；瘤胃内有大量的能够分解消化食物的微生物。瓣胃黏膜形成新月状的瓣叶，对食物起机械压榨作用。皱胃可分泌胃液，主要是盐酸和胃蛋白酶，对食物进行化学性消化。

羊的小肠细而长，长度约为 25 m，相当于体长的 26～27 倍。胃内容物进入小肠后，经各种消化液进行化学性消化，分解的营养物质被小肠吸收。未被消化的食物进入大肠。

大肠的直径比小肠粗，长度比小肠短，约 8.5 m。大肠的主要功能是吸收水分和形成粪便。在小肠没有被消化的食物进入大肠，可在大肠微生物和由小肠带入大肠的各种酶的作用下，继续被消化吸收，剩余部分被排出体外。

2. 羊消化生理特点

（1）反刍。反刍是指草食动物消化前把食团从瘤胃吐出经过再咀嚼和再吞咽的过程。其机制是饲料刺激网胃、瘤胃前庭和食管的黏膜引起反射性逆呕。反刍是羊重要的化学生理特点，反刍停止是疾病征兆，不反刍会引起瘤胃臌气。

羔羊出生后 40 d 左右开始出现反刍行为。羔羊在哺乳期，早期补饲容易消化的植物性饲料能刺激前胃的发育，可使羊提早出现反刍行为。反刍多发生在吃草之后。反刍中也可以随时转入吃草。反刍姿势多为侧卧式，少数为站立。正常情况下反刍时间与放牧采食时间的比为 0.8∶1，与舍饲采食时间比为 1.6∶1。

（2）瘤胃微生物的作用。瘤胃环境适宜于瘤胃微生物的栖息繁殖。瘤胃内存在大量细菌和原虫，每毫升内容物含有细菌 10^{10}～10^{11} 个、原虫 10^5～10^6 个。原虫主要是纤毛虫，其体积大，是细菌的 1 000 倍。瘤胃内微生物主要营养作用是：

①消化糖类，尤其是消化纤维素。食入的糖类在瘤胃内由于受到多种微生物分泌酶的综合作用，被发酵分解，形成挥发性脂肪酸，如乙酸、丙酸、丁酸等，这些酸被瘤胃壁吸收，

通过血液循环参与代谢，是羊体内最重要的能量来源。由于瘤胃微生物的发酵作用，羊采食的饲料中有55%～95%的糖类、70%～95%的纤维素被消化。

②非蛋白氮的利用。饲料中的植物性蛋白质通过瘤胃微生物分泌酶的作用最后被分解为肽、氨基酸和氨；饲料中的非蛋白含氮物质如酰胺、尿素等也被分解为氨。在瘤胃内，在能源供应充足和具有一定数量蛋白质的条件下，瘤胃微生物可将这些分解产物合成微生物蛋白质。它随食糜进入皱胃和小肠，作为蛋白质饲料被消化。因而，瘤胃微生物的作用提高了蛋白质的营养价值。在养羊业中，可利用部分非蛋白氮作为补充饲料代替部分植物性蛋白质。瘤胃内可合成10种必需氨基酸，这保证了羊必需氨基酸的需要。

③对脂类有氢化作用。可将牧草中不饱和脂肪酸转变成羊体内的硬脂酸。同时，瘤胃微生物亦能合成脂肪酸。

④合成B族维生素。主要包括维生素B_1、维生素B_2、维生素B_6、维生素B_{12}以及吡哆酸、烟酸等，同时还能合成维生素K。这些维生素一部分在瘤胃中被吸收，其余在肠道中被吸收、利用。

任务二　羊的饲料及加工

任务导入

农区及半农半牧区有很多农作物副产品，其中秸秆的产量最多。随着农区养羊业的兴起，有很多养殖户就地取材，将秸秆作为主要的粗饲料饲喂羊，但在饲用过程中往往存在很多问题，如不经过任何加工处理，羊吃一半、浪费一半，既造成饲料资源的浪费，又不能很好地满足羊的营养需要，影响羊生长发育。鉴于此类问题，应该掌握哪些知识才能有效地利用当地现有的饲料资源呢？

一、羊常用饲料

羊饲料种类有很多，可分为植物性饲料、动物性饲料、矿物质饲料及其他特殊饲料。其中，植物性饲料包括粗饲料、青贮饲料、多汁饲料和精饲料。

1. 粗饲料　粗饲料简称粗料，是指能量含量低、粗纤维含量高（占干物质18%以上）的植物性饲料，如干草、秸秆和秕壳等。这类饲料体积大、消化率低，但资源丰富，是羊的主要饲料。

（1）干草。干草是由青绿牧草在抽穗期或花期刈割后干制而成。在干草调制过程中，牧草中损失20%～40%的营养物质，只有维生素D_3增加。干草营养价值与牧草种类、刈割时间和调制技术密切相关。干草的营养特点是：粗纤维含量较高，一般是26.5%～35.6%；粗蛋白质含量随牧草种类不同而异，豆科干草较高，为14.3%～21.3%，而禾本科牧草和禾谷类作物干草较低，为7.7%～9.6%；能量值差异不大，消化能为9.63 MJ/kg左右；钙的含量一般豆科干草高于禾本科干草，如苜蓿为1.42%、禾本科为0.72%。

（2）秸秆。秸秆是农作物收获后剩下的茎叶部分。营养特点是粗纤维含量高，占干物质的31%～45%，木质素、半纤维素、硅酸盐含量高，如燕麦秸秆粗纤维含量为49.0%，木质素为14.6%，硅酸盐约占灰分的30%，且质地粗硬、适口性差、消化率低；消化能为

7.78～10.46 MJ/kg；粗蛋白质含量低，豆科秸秆为8.9%～9.6%，禾本科为4.2%～6.3%；粗脂肪含量较少，为1.3%～1.8%；胡萝卜素含量低，1 kg禾谷类秸秆为1.2～5.1 mg。秸秆饲料虽有许多不足之处，但经过加工调制后，营养价值和适口性有所提高，仍是羊的主要饲料。

2. 青贮饲料　青贮饲料是将新鲜青绿饲料装填到密闭的青贮容器内，在厌氧条件下利用乳酸菌发酵产生乳酸，当pH接近4.0时，则所有微生物处于被抑制状态，从而可以保存青绿饲料。在青贮过程中，营养物质损失低于10%。青贮饲料中蛋白质和胡萝卜素含量较高，具有酸香味，柔软多汁，适口性好，容易消化，是羊优良的饲料。

3. 精饲料　精饲料又称精料，具有体积小、粗纤维含量低、能量高的特点。例如，籽实类饲料，包括玉米、大麦、高粱、青稞、燕麦、豌豆和蚕豆等；糠麸类饲料（种子表皮磨下的部分，含有少量淀粉）的粗纤维含量略高于籽实而又低于粗饲料，其能量少于籽实饲料而多于粗饲料，故也被列为精饲料；油饼类饲料的蛋白质含量高，粗纤维含量少于粗饲料，能量与籽实类饲料几乎相等，是羊的蛋白质补充饲料，也可列入精饲料。精饲料是羔羊、妊娠后期母羊、种公羊的重要补充饲料。

4. 块根、块茎类饲料　属于多汁饲料，包括马铃薯、胡萝卜、甜菜、菊芋等。其水分和可溶性糖类含量高。按干物质计算，粗纤维和蛋白质含量接近禾本科籽实类饲料，适口性好，易消化。可用于羊的冬季补充饲料，以平衡全年饲料供应。

5. 矿物质饲料　羊体所需要的多种矿物质仅从植物性饲料中获得则不能得到满足，需要额外补充。常用的矿物质补充饲料有食盐、石灰石粉、贝壳粉和脱氟磷矿粉等。

6. 微量元素添加剂　饲料中微量元素含量取决于植物种类和生长条件（土壤、肥料、气候），各地缺乏的微量元素种类不尽一致，需要有针对性地补充。微量元素可用化学纯制剂补充。在日粮中，由于添加量很少，每吨饲料为1～5 g，必须混合均匀，不能结块。利用不同盐类来补充微量元素，其用量应根据其所含的微量元素的数量计算（表2-1）。

表2-1　常用微量元素盐类的微量元素含量（%）

元素	盐类	含量	元素	盐类	含量
铜	碳酸铜	53.0	锌	碳酸锌	52.4
	硫酸铜	25.5		硫酸锌	22.7
	氧化铜	80.0		氧化锌	80.3
钴	碳酸钴	49.5	铁	碳酸铁	41.7
	硫酸钴	24.8		无水硫酸铁	36.7
	氧化钴	73.4		氧化铁	69.9
锰	碳酸锰	47.8	硒	碘化钾	76.4
	硫酸锰	32.5		碘化钙	60.0
	氧化锰	77.4		亚硒酸钠	30.0

7. 维生素添加剂　放牧绵羊、山羊在夏季、秋季一般不会出现维生素缺乏症，但在冬、春枯草期常会出现维生素不足。配种季节的种公羊、枯草期的妊娠母羊和幼龄羊都需要添加维生素。目前，常用的维生素添加剂有维生素A、维生素D_3、维生素E、维生素K_3、维生

素 B_1、维生素 B_2、维生素 B_6、烟酸以及氯化胆碱、泛酸钙、叶酸和生物素等。

8. 动物性饲料 动物性饲料是指来源于动物产品的饲料，如鸡蛋、羊乳、脱脂乳、肉粉、鱼粉、血粉、肉骨粉和蚕蛹等。动物性饲料的特点是富含蛋白质。其多用于饲喂种公羊，以提高优秀种公羊的配种能力。

二、羊饲料的加工

饲料加工调制的目的是保证饲料的品质、减少营养损失、改善适口性、易于采食消化、提高饲料营养价值和利用率。此外，对某些不能直接饲用的副产品，加工调制可使其变成饲料，有利于开辟饲料资源。

1. 粗饲料的加工

（1）干草的加工。青绿饲料的含水量一般为 65%～85%，含水量需要降到 15%～20% 才能抑制植物酶和微生物的活动，以达到贮备干草的目的。制作干草的方法主要有田间干燥法、人工干燥法和干草块法三种。

①田间干燥法。是调制干草的最常用方法。牧草刈割后，即将牧草薄层平铺暴晒 4～5 h，使水分迅速降至 38%，此时，水分仍继续蒸发，但速度缓慢，可采用小堆晒干。为了提高干燥速度，可用压扁机把牧草压扁、破碎；有条件的还可以利用田间机械快速干燥。在调制干草过程中，应尽量避免营养丰富的叶片脱落。我国一般以堆垛形式贮藏干草。堆垛的地点应选择地势高燥、易于排水的地方，垛底再垫上树枝或石头；堆垛后盖好垛顶，垛顶的斜度大于 45°。

②人工干燥法。即将鲜草置于室温为 45～50℃的小室内停放几小时，水分降至 10.5%～12%，或在 500～1 000℃下干燥 6s，水分可降至 10%～12%。这种干燥法可保持牧草养分的 90%～95%。

③干草块法。当牧草水分干燥降至 15%左右时，用干草制块机制成干草块。通常每块重 45～50 kg，其形状有砖块状、柱状和饼状等。干草块的特点是保持养分性能好、单位体积重量大，在通风良好的情况下可贮存 6 个月。

（2）秸秆饲料的加工。

①铡短和粉碎。秸秆可切短至 2～3 cm 长，或用粉碎机粉碎，但不宜粉碎得过细或成粉面状，以免引起反刍停滞，降低消化率。

②浸泡。秸秆铡短或粉碎后，用水或淡盐水浸泡，使其软化，可增强适口性、提高采食量。用此种方法调制的秸秆水分含量不能过高，应按用量处理，一次喂完。

③秸秆碾青。在晒场上，先铺上约 30 cm 厚的麦秸，再铺约 30 cm 厚的鲜苜蓿，最后在苜蓿上面铺约 30 cm 厚的秸秆，用石碾或镇压器碾压，把苜蓿压扁，汁液流出被麦秸吸收。这样既可以缩短苜蓿干燥的时间，减少养分损失，又可提高麦秸的营养价值和利用率。

④秸秆颗粒饲料。一种方法是将秸秆、秕壳和干草等粉碎后，根据羊的营养需要，配合适当的精料、糖蜜（糊精和甜菜渣）、维生素和矿物质添加剂混合均匀，用机器生产出大小和形状不同的颗粒饲料。秸秆和秕壳在颗粒饲料中的适当含量为 30%～50%。这种饲料营养价值全面、体积小、易于保存和运输。另一种方法是向秸秆中添加尿素，即将秸秆粉碎后，加入尿素、糖蜜、精料、维生素和矿物质，压制成颗粒、饼状或块状。这种饲料粗蛋白质含量提高，适口性好，既可延缓氨在瘤胃中的释放速度，防止中毒，又可降低饲料成本和节约蛋白质饲料。

⑤秸秆的氨化处理。秸秆氨化处理的机理是氨和秸秆中的有机物作用，破坏木质素的乙

酰基而形成乙酸铵；同时，在反应过程中，所生成的氢氧根与木质素作用形成羟基木质素，改变了粗纤维的结构，纤维素和半纤维素与木质素之间的酯键被打开，细胞壁破解，细胞内的糖类、氮化物和酯类等可释放出来，秸秆变得疏松、瘤胃液易于进入，易于秸秆在瘤胃内消化。此外，反应过程中形成的铵盐和秸秆所携带的氨成为瘤胃微生物合成微生物蛋白质的氮源。目前，秸秆氨化技术已成为农区养羊业处理和利用农作物秸秆的重要途径。

2. 精饲料的加工

（1）精饲料压扁。将精饲料如玉米、大麦、高粱等加入16%的水，用蒸汽加热至120℃左右，用压扁机压成片状，干燥并配以所需的添加剂，便制成了压扁饲料。

（2）油饼类饲料加工。有溶剂浸提法和压榨法两种加工方法。浸提法所产生的是优质粕类，未经高温处理，脱毒处理后才能做饲料。压榨法通过高温处理，生产的油饼不需脱毒处理但由于高温、高压处理，赖氨酸和精氨酸之类的碱性氨基酸损失大。

3. 块根、块茎饲料的加工 块根、块茎饲料经常附有泥土，饲喂前应洗净，除去腐烂部分，切成小薄片或小长条，以利于羊的采食和消化。不要整块饲喂，以避免羊抢食而造成食道梗塞。

4. 矿物质饲料的加工 矿物质饲料市场上有成品出售。为降低饲养成本，在有条件的地区，可以自行生产、加工调制。例如，石灰石粉的调制，可将石灰石粉磨成粉状；贝壳经煮沸消毒后，晒干制成粉状；磷矿石脱氟处理，调成粉状。矿物质饲料可与精饲料混合喂给。食盐和石灰石粉既可加入精饲料中喂给，也可放在饲槽内任羊自由舔食。

5. 青贮饲料制作

（1）青贮饲料的优越性。

①能保存青绿饲料的绝大部分养分。干草在调制过程中养分损失达20%～40%。而调制青贮饲料，干物质仅损失1%～15%，可消化蛋白质仅损失5%～12%。特别是胡萝卜素保存率，青贮方法高于其他任何方法。

②延长青饲季节。我国西北、东北、华北各地区青饲季节不足半年，冬春季节缺乏青绿饲料。而采用青贮的方法可以做到青绿饲料四季均衡供应。

③适口性好，易消化。青贮饲料不仅营养丰富，而且气味芳香、柔软多汁、适口性好，且有刺激家畜消化腺分泌和提高饲料消化率的作用。

④调制方便，耐久藏。青贮饲料调制简便，不太受气候条件限制。取用方便，随用随取，饲料制成后，若当年用不完，只要不漏气，可保存数年不变质。

（2）青贮原理。利用乳酸菌对原料进行厌氧发酵。当pH降到4.0左右时，包括乳酸菌在内的所有微生物停止活动，且原料养分不再继续分解或消耗，从而将原料长期保存下来。

（3）青贮的原料。青贮饲料的调制主要依靠乳酸菌的作用，原料是含糖类较多的玉米、高粱等禾本科作物青秸秆或牧草。一般青贮原料的含水量为65%～75%，半干青贮的水分含量为50%～55%。

（4）成功青贮的必备条件。青贮原料含糖量一般不低于1.0%，以保证乳酸菌繁殖的需要；含水量适度，一般为65%～75%，密闭缺氧环境；青贮容器内温度不得超过38℃（19～37℃）。

（5）青贮的设备。青贮的设备主要有青贮窖、青贮塔、青贮壕、塑料袋等。应选在地势高燥、地下水位低、土质坚实、靠近羊舍的地方。青贮设备条件可根据青贮量、羊场规模及资金情况灵活选择。

(6) 青贮的方法及步骤。青贮饲料的调制有四种方法，即常规青贮、半干青贮、添加剂青贮和捆裹打包青贮。

①常规青贮。青贮饲料的调制要点可概括为“六随”“三要”。“六随”即随割、随运、随铡、随填、随压、随封；“三要”即要铡短、要压实、要封严。

收割：优良的青贮原料是调制优质青贮饲料的基础。青贮饲料的品质除与原料种类和品质有关外，与收获期也直接相关。适时收割能获得较高的产量和营养价值。全株玉米应在蜡熟期收割，豆科牧草或杂草宜在始花期收获，禾本科牧草在抽穗期收贮。

切短：根据青贮原料含水量、质地软硬、茎秆的粗细选择铡短的长度，一般原料可切短至1～3 cm，如果植株茎秆粗硬，可使用兼有压扁或撕碎功能的机械铡切。

装窖：装窖前要搞好窖内卫生，砖砌窖面周围要铺衬塑料薄膜，底部要平铺厚度10 cm左右的干长秸秆。层层装填，层层压实，每层厚20～30 cm，根据窖形、容积和贮量可人工踩实，也可采用机械压实。装窖要一次完成，装填时间越短，青贮品质越好。

封窖：装满后要立即封窖。装填的青贮原料应高出青贮设施边缘1 m左右，在上面覆盖一层10～20 cm厚的长秸秆，再用塑料薄膜包封，上面覆土30～40 cm厚。

管护：青贮窖周围1 m左右要挖排水沟，以便排水。周围还应设置防护栏，避免牲畜践踏。发现窖顶下陷严重或出现漏缝要重新装填、修补，防止漏气、渗水。

②半干青贮。又称为低水分青贮，是将青贮原料的水分降到40%～50%，使厌氧微生物（包括乳酸菌）处于干燥状态、活动减弱。半干青贮营养成分损失少，一般不超过10%。半干青贮的刈割期豆科为初花期，禾本科为抽穗期；水分含量豆科为50%，禾本科为45%。对青贮设备的要求及青贮原料的铡短、装填、压严、封顶、密闭等要求同常规青贮。

③添加剂青贮。根据添加到青贮原料中的物质，归纳为两类：一类是有利于乳酸菌活动的物质，如糖蜜、甜菜和乳酸菌制剂等；另一类是防腐剂，如甲酸、丙酸、亚硫酸、甲醛等。如果在青贮原料中加酸，青贮原料在发酵过程中，pH很快降到所需要的酸度，从而降低了青贮初期好氧和厌氧发酵对营养物质的消耗。

④捆裹打包青贮。采用打捆、包膜的方法进行青贮，青贮效果好，避免了青贮饲料的二次发酵，捆裹青贮包体积小，运输方便，是牧区羊饲喂及抗灾保畜的适用饲料，但青贮成本较高。

(7) 青贮饲料的取用。禾本科牧草青贮封窖20 d以上，玉米青贮和豆科牧草40 d以上即可开窖取用。取用时要用剁刀垂直切取，根据用量取用，一经开窖应连续取用，用后再用塑料薄膜盖严。

(8) 青贮饲料品质感官鉴定。青贮饲料品质的感官鉴定主要观察青贮饲料的色泽、气味、质地等（表2-2)。优良的青贮饲料pH在4.2以下，乳酸含量较多，有少量的乙酸，不含丁酸。

表2-2 青贮感官评定标准

等级	色	味	嗅	质地
优等	绿色或黄绿色	酸味浓	芳香味重，具舒服感	柔软，稍湿润
中等	黄褐色、墨绿色	酸味中等、酒味	芳香味浓	稍干或水分多
劣等	黑色、褐色	酸味淡	臭、腐败味或霉味	干松或黏结成块

任务三 羊日粮配制

任务导入

在大力推广青贮饲料时期，有些养殖户总是抱怨青贮饲料饲喂效果不好，羊不仅没长膘，反而瘦了，为什么会出现上述情况？这些养殖户怎样做才能解决上述问题？

日粮是羊一昼夜所采食的饲草料总量。日粮配合就是根据羊的饲养标准和饲料的营养特性，选择若干种饲料原料按一定比例搭配，使日粮能满足羊的营养需要的过程。因此，日粮配合实质上是使饲养标准具体化。在生产上，对具有同一生产用途的羊群，按日粮中各种饲料的百分比配合而成大量的、再按日分顿喂给羊的混合饲料，称为饲粮。

一、日粮配制的原则

1. 日粮要符合饲养标准 即保证供给羊所需要的各种营养物质。但饲养标准是在一定的生产条件下制定的，各地自然条件和羊的情况不同，故应通过实际饲养的效果，对饲养标准酌情修订。

羊的日粮配制

2. 选用饲料的种类和比例 应取决于当地饲料的来源、价格及适口性等。原则上，既要充分利用当地青、粗饲料，也要考虑羊的消化生理特点和饲料的体积，让羊吃好、吃饱。

二、毛用羊日粮配制

1. 毛用羊营养需要特点 毛用羊产毛的营养需要与维持、生长、育肥和繁殖等的营养需要相比所占比例不大，并远低于产乳的营养需要。产毛的能量需要约为维持需要的10%，一只50 kg体重的羊每天用于产毛的能量只有418 kJ。日粮中粗蛋白质含量不低于5.8%时就能满足产毛的最低需要。一只年产4 kg毛的细毛羊全年仅需30 kg左右的可消化蛋白质即能满足产毛需要。

羊毛是一种含硫氨基酸的角化蛋白质，胱氨酸可占角蛋白总量的9%～14%，其中含有3%～5%的硫元素，因此毛用羊对硫元素的需要多于其他用途羊。羊瘤胃微生物可将饲料中的无机硫合成含硫氨基酸，以满足羊毛生长的需要，在羊日粮干物质中，氮、硫比例以(5～10)：1为宜。在喂尿素的日粮中，日补硫酸钠10 g能明显提高羊毛产量、改善羊毛品质。

缺铜的羊除了表现为贫血、瘦弱和生长发育受阻外，羊毛弯曲变浅、被毛粗乱，缺铜直接影响羊毛的产量和品质。羊对铜的耐受力非常有限，每千克饲料干物质中铜的含量为5～10 mg时能满足羊的各种需要；超过20 mg有可能造成中毒。

羊在青草期一般不易缺乏维生素A，对以高粗饲料日粮或舍饲为主的羊，应供给一定量的青绿饲料、多汁饲料或青贮饲料，以满足羊对维生素A的需要。

2. 毛用羊日粮配制方法步骤

第一步：确定每只羊每日营养供给量，作为日粮配方的基本依据。

第二步：计算出每千克饲粮的养分含量，把饲养标准所规定的每只羊、每日营养需要量除以每只羊、每日采食的风干饲料的千克数，即为每千克饲粮的养分含量（%）。

第三步：确定拟用饲料，列出选用饲料的营养成分和营养价值表，以便选用计算。

第四步：先应满足粗饲料喂量，即先选用一种主要的粗饲料，如青干草。粗饲料不能超过日粮的60%。然后计算出粗饲料所能提供的营养量，如消化能、粗蛋白质、钙、磷等。

第五步：确定精饲料种类和数量，一般是用混合精饲料来满足能量和蛋白质需要量的不足部分。

第六步：用矿物质饲料来平衡日粮中的钙、磷、钠等矿物质元素的需要量。

中国美利奴种公羊混合精饲料配方：玉米43%，豆饼20%，鱼粉9%，亚麻籽油粕15%，燕麦籽实7%，麦麸5%，食盐1%。其中营养物质含量为：代谢能11.0 MJ/kg，粗蛋白质22.8%，钙0.7%，磷0.59%。

三、肉用羊日粮配制

1. 肉用羊营养需要特点　目前我国肉用羊的生产一般是通过育肥方式来完成的。育肥的目的就是要增加羊体内的肌肉和脂肪，改善肉的品质。根据育肥年龄不同，羊的育肥方式一般分为羔羊育肥和成年羊育肥两种。

羔羊的育肥包括羊的生长发育和育肥两个方面。羔羊的代谢十分旺盛，对能量、蛋白质、维生素的需求量大，必须给予高的饲养水平。对成年羊来说，肥育期体重的增加主要是脂肪的积累。肥育羔羊与肥育成年羊相比，肥育羔羊日粮中需要更多的蛋白质饲料，而成年羊的肥育需要消耗更多的能量饲料。羔羊增重速度很快，饲料转化率高，产品品质好，因此肥育羔羊比肥育成年羊更经济有效。

羔羊的肥育与生长发育同时进行，要求肥育期间的饲料营养丰富、全面、适口性好，蛋白质饲料的全价性好，能量含量高。同时，要供给各种必需的矿物质和维生素，使羔羊快速增重，保持好的肥育效果。

2. 肉用羊日粮配制方法步骤　与毛用羊日粮配制方法步骤相同。

四、奶山羊日粮配制

1. 奶山羊营养需要特点

（1）能量的需要量。

①维持的能量需要量。每千克代谢体重（$W^{0.75}$）平均需424.17 kJ代谢能。金功亮等（1983）的试验表明，中等饲养水平的维持代谢能需要量为543.92 kJ/$W^{0.75}$。

②妊娠的能量需要量。妊娠早期，可按同等体重下的维持能量需要量饲养，或按同等体重下的维持能量需要量的110%给予。

妊娠2个月后，母体及胎儿增重很快，需要消耗大量的能量，此时需额外提供50%左右的能量，并以头胎母羊及临近产羔的母羊能量需要增幅最大。

③泌乳的能量需要量。奶山羊每产1 kg乳脂率为4%的标准乳平均需5 213.77 kJ代谢能或2 943.15 kJ净能。乳汁率每增减0.5个百分点，需增加或减少68.12 kJ代谢能。

④不同温度时的能量需要量。环境温度低于或高于临界温度时，奶山羊为了保持体温恒定，需额外消耗能量，并以高温时消耗的能量最多。

（2）蛋白质的需要量。

①维持的蛋白质需要量。每千克代谢体重的维持蛋白质需要量平均为 2.82 g 可消化粗蛋白质或 4.15 g 粗蛋白质。

②生长的蛋白质需要量。不同体重的山羊，每增重 1 g 平均需 0.195 g 可消化粗蛋白质或 0.284 g 粗蛋白质。

③妊娠的蛋白质需要量。妊娠前期奶山羊的蛋白质需要量与同等体重的维持需要量相同。妊娠后 2 个月，比前期同样体重时高 50%～70%。

④泌乳的蛋白质需要量。奶山羊每产 1 kg 乳脂率为 4.0%的标准乳需 51 g 可消化粗蛋白质或 72 g 粗蛋白质。

（3）矿物质的需要量。

①钙、磷的需要量。奶山羊每天每 100 kg 体重维持需要钙 5～8 g、磷 4～5.5 g。每生产 1 kg 标准乳需钙 3 g、磷 2 g。

②食盐的需要量。一般食盐在奶山羊日粮中占 0.30%～0.50%，或占精饲料的 0.5%～1.0%。

③镁的需要量。一般青年羊日粮中以含镁 0.06%、产乳羊日粮中以含镁 0.2%为宜。

（4）维生素的需要量。

①维生素 A 的需要量。奶山羊本身不能合成维生素 A，主要由胡萝卜素在体内转化为维生素 A。青草、优质青干草及脱水苜蓿干草等均是维生素 A 的良好来源。生长奶山羊及成年奶山羊每 100 kg 活重需 10 mg 左右的胡萝卜素，产乳羊为 20 mg 左右，妊娠后期应有所提高。

②维生素 D 的需要量。植物性饲料中不含维生素 D，但含有麦角固醇，它在体内经紫外线照射而合成维生素 D。只要经常在舍外活动，采食晒制干草，就能够得到足够的维生素 D。青年羊每 100 kg 活重每天需要 660 IU 维生素 D，成年羊每只每天需 500～600 IU 维生素 D。高产奶山羊从预产前 5 d 开始，到产后第一天，每天供给大剂量的维生素 D 能减少乳热症的发生。

③维生素 E 的需要量。奶山羊维生素 E 主要来源是青粗饲料和禾本科籽实。粗饲料贮存期间维生素 E 含量下降。一般每千克饲粮干物质中维生素 E 含量不应低于 100 IU。

④B 族维生素的需要量。奶山羊瘤胃中的微生物可合成足够的 B 族维生素，故一般情况下奶山羊不缺乏 B 族维生素。若奶山羊患某种疾病或得不到完全的营养时，有机体合成 B 族维生素的功能遭到破坏，此时应补充 B 族维生素，其中以补维生素 B_{12} 最常见。

（5）脂肪的需要量。奶山羊日粮干物质中以含脂肪 5%左右为宜，脂肪含量不应超过 8%。

新生羔羊瘤胃功能尚未健全之前需喂给含脂肪的日粮，以满足羔羊对必需脂肪酸及脂溶性维生素的需要。

（6）水的需要量。奶山羊对水的需要量变化很大，受气温、产乳量、采食量以及饲料中含水量等因素的影响。在温带地区，每采食 1 kg 饲料干物质，非泌乳羊需水 2 kg、泌乳羊需水 3.5 kg，每产 1 kg 乳需 2.5 kg 左右的水。

2. 奶山羊日粮配制方法步骤　与毛用羊日粮配制方法步骤相同。

知识拓展

羊的营养需要和饲养标准

(一) 羊的营养需要

绵羊和山羊所需要的营养物质主要有能量、蛋白质、矿物质、维生素和水等。合理供给羊所需的营养物质才能有效地利用饲草饲料，生产出量多质优的羊产品。羊的营养需要包括维持需要和生产需要。其中，维持需要是指羊为了维持其正常生命活动，即在体重不增减又不生产的情况下，其基本生理活动所需的营养物质；生产需要包括生长、繁殖、泌乳、育肥和产毛等生产条件下的营养需要。

1. 能量的需要 饲粮的能量水平是影响生产力的重要因素。能量不足会导致幼龄羊生长变缓，母羊繁殖率下降，泌乳期缩短，羊毛生长缓慢、毛纤维变细等；能量过高对生产和健康同样不利，并造成饲粮浪费。因此合理的能量水平对保证羊的健康、提高生产力、降低饲料消耗具有重要作用。

(1) 维持需要。羊维持的能量需要与代谢体重成正比。绵羊每日维持净能需要为：($56W^{0.75}$) ×4.186 8 kJ（W 为体重）。

(2) 生长需要。空腹重 20～50 kg 的生长发育绵羊每千克空腹增重需要的热值，轻型体重的羔羊（轻型体重羔羊是指成年公羊的平均体重为 95 kg 所配种而生产的羔羊）为 12.56～16.75 MJ/kg，重型体重的羔羊(重型体重羔羊是指成年公羊的平均体重为 135 kg 所配种而生产的羔羊）为 23.03～31.40 MJ/kg。在生产上，计算增重所需要的热值需要将空腹体重换为活重，即空腹体重乘以 1.195。同品种活重相同时，公羊每千克增重需要的热值是母羊的 0.82 倍。

(3) 妊娠需要。青年妊娠母羊能量需要包括用于维持净能、本身生长增重、胎儿增重及妊娠产物的饲料量；成年妊娠母羊不生长，能量需要仅包括维持净能和胎儿增重及妊娠产物的饲料量。在妊娠期的后 6 周，胎儿增重很快，对能量需要量大。怀单羔的妊娠母羊的能量需要量为维持需要量的 1.5 倍，怀双羔的妊娠母羊的能量需要量为维持需要量的 2 倍。

(4) 泌乳需要。包括维持和产乳需要。羔羊在哺乳期增重与母乳的需要量之比为1∶5。绵羊在产后 12 周泌乳期内有 65%～85%的代谢能转化为乳能，带双羔母羊比带单羔母羊的转化率高。

2. 蛋白质的需要 蛋白质是动物建造组织和体细胞的基本原料，是修补体组织的必需物质，还可代替糖类和脂肪为机体提供热量，具有重要的营养作用。日粮中蛋白质不足会影响瘤胃的功能，羊生长发育缓慢，繁殖率、产毛量下降；严重缺乏时会导致羊消化紊乱、体重下降、贫血、水肿、抗病力减弱。但饲喂蛋白质过量时，多余的蛋白质转化为低效的能量，很不经济。过量的非蛋白氮和高水平的可溶性蛋白质可造成氨中毒。

3. 矿物质的需要 矿物质是羊体组织、细胞、骨骼和体液的重要成分。体内缺乏矿物质会引起神经系统、肌肉运动、食物消化、营养输送、血液凝固和体内酸碱平衡等功能的紊乱，影响羊健康、生长发育、繁殖和羊产品产量，甚至导致死亡。羊体必需的矿物质元素有 15 种，其中常量元素有钠、氯、钙、磷、镁、钾和硫 7 种，微量元素有碘、铁、钼、铜、钴、锰、锌和硒8种。由于羊体内矿物质之间互相作用，很难确定其对每种矿物质的需要量，一种矿物质缺乏或过量会引起其他矿物质缺乏或过量（2-3）。

表2-3　羊对矿物质的需要量

矿物质	绵羊（每日、每只）				山羊（每日、每只）			最大耐受量（以干物质计）
	幼龄羊	成年育肥羊	种公羊	种母羊	幼龄羊	种公羊	种母羊	
食盐（g）	9～16	15～20	10～20	9～16	7～12	10～17	10～16	—
钙（g）	4.5～9.6	7.8～10.5	9.5～15.6	6～13.5	4～6	6～11	4～9	2%
磷（g）	3～7.2	4.6～6.8	6～11.7	4～8.6	2～4	4～7	3～6	0.6%
镁（g）	0.6～1.1	0.6～1	0.85～1.4	0.5～1.8	0.4～0.8	0.6～1	0.5～0.9	0.5%
硫（g）	2.8～5.7	3～6	5.25～9.05	3.5～7.5	1.8～3.5	3～5.7	2.4～5.1	0.4%
铁（mg）	36～75		65～108	48～130	45～75	40～85	43～88	500 mg
铜（mg）	7.3～13.4		12～21	10～22	8～13	7～15	9～15	25 mg
锌（mg）	30～58		49～83	34～142	33～58	30～70	32～88	300 mg
钴（mg）	0.36～0.58		0.6～1.0	0.43～1.4	0.4～0.6	0.4～0.8	0.4～0.9	10 mg
锰（mg）	40～75		65～108	53～130	45～75	40～85	48～88	1 000 mg
碘（mg）	0.3～0.4		0.5～0.9	0.4～0.68	0.3～0.4	0.2～0.3	0.4～0.7	50 mg

资料来源：赵有璋，2016，羊生产学。

（1）钠和氯。钠和氯在维持渗透压、调节酸碱平衡、控制水代谢方面起重要作用。钠是制造胆汁的重要原料，氯构成胃液中的盐酸参与蛋白质消化。食盐还有调味作用，能刺激唾液分泌，促进淀粉酶的活动。缺乏钠和氯容易导致消化不良、食欲减退、异嗜、饲料利用率降低、发育受阻、精神萎靡、身体消瘦、状况恶化等现象。饲喂食盐能满足羊对钠和氯的需要。

（2）钙和磷。羊体内的钙约99%、磷80%在骨骼和牙齿中。钙、磷关系密切，幼龄羊钙磷比应为2∶1。血液中的钙有抑制神经、兴奋肌肉、促进血凝、保持细胞膜完整等作用；磷参与糖、脂类、氨基酸的代谢和保持血液pH正常。缺钙或磷，骨骼发育不正常，幼龄羊出现佝偻病和成年羊出现软骨症等。绵羊食用钙化物一般不会出现钙中毒。但日粮中钙过量会加速其他元素如磷、镁、碘、锌和锰等缺乏。

（3）镁。镁有许多生理功能，镁是骨骼的组成成分，机体中镁有60%～70%在骨骼中；许多酶也离不开镁；镁能维持神经系统正常功能。缺镁的典型症状是痉挛。羊一般不会出现镁中毒，中毒症状是昏睡、运动失调和腹泻。

（4）钾。钾约占机体干物质的0.3%。主要在细胞液中，影响机体的渗透压和酸碱平衡。对一些酶的活化有促进作用。缺钾易造成采食量下降、精神不振和痉挛。

（5）碘。碘是甲状腺素的成分，参与物质代谢过程。碘缺乏则出现甲状腺肥大，羔羊发育迟缓，甚至出现无毛症或死亡。对缺碘的绵羊，可采用碘化食盐（含0.1%～0.2%碘化钾）补饲。碘中毒症状是发育缓慢、厌食和体温下降。

（6）铁。铁参与形成血红蛋白和肌红蛋白，保证机体组织氧的运输。铁还是细胞色素酶类和多种氧化酶的成分，与细胞内生物氧化过程密切相关。缺铁的症状是生长缓慢、嗜睡、贫血、呼吸频率增加；铁过量时，其慢性中毒症状是采食量下降、生长速度慢、饲料转化率低，急性中毒表现出厌食、尿少、腹泻、体温低、代谢性酸中毒、休克，甚至死亡。

（7）钼。钼是黄嘌呤氧化酶及硝酸还原酶的组成成分，体组织和体液中也含有少量的钼。钼与铜、硫之间存在着相互促进、相互制约的关系。对饲喂低钼日粮的羔羊补饲钼盐能提高增重。钼饲喂过量，毛纤维直、粪便松软、尿黄、脱毛、贫血、骨骼异常和体重迅速下降。钼中毒可通过提高日粮中的铜水平进行控制。

（8）铜。铜有催化红细胞和血红蛋白形成的作用。铜与羊毛生长关系密切。在酶作用下，铜参与有色毛纤维色素形成。缺铜常引起羔羊共济失调、贫血、骨骼异常以及毛纤维直，毛纤维强度、弹性、染色亲和性下降，有色毛色素沉着力差，溶血、黄疸、血红蛋白尿、肝和肾呈现黑色。

（9）钴。钴有助于瘤胃微生物合成维生素 B_{12}。绵羊缺钴出现食欲下降、流泪、被毛粗硬、精神不振、消瘦、贫血、泌乳量和产毛量降低、发情次数减少、易流产。在缺钴的地区，牧地可施用硫酸钴肥，每公顷 1.5 kg；也可补饲钴盐，可将钴添加到食盐中，每 100 kg 含钴量 2.5 g，或按钴的需要量投服钴丸。

（10）锰。锰对骨骼发育和繁殖都有作用。缺锰会导致羊骨骼畸形，成年母羊繁殖力降低，初生羔羊运动失调、生长发育受阻。

（11）锌。锌是多种酶的成分，如红细胞中的碳酸酐酶、胰液中的羧肽酶和胰岛素的成分。锌可维持公羊睾丸的正常发育、精子形成以及羊毛正常生长。缺锌症状表现为角质化不全症、掉毛、睾丸发育缓慢、畸形精子多、母羊繁殖力下降；锌过量则出现中毒症状，采食量下降，羔羊增重降低。每千克日粮含锌量为 0.75 g，妊娠母羊严重缺锌可导致流产和死胎增多。

（12）硒。硒是谷胱甘肽过氧化物的主要成分，具有抗氧化作用。缺硒羔羊易出现白肌病、生长发育受阻，母羊繁殖机能紊乱、多空怀和死胎。对缺硒绵羊补饲亚硒酸钠方法有很多，如土壤中施用硒肥、拌入饲料、皮下或肌内注射，还可将铁和硒按 20∶1 的比例制成丸剂或含硒的可溶性玻璃球。硒过量常引起硒中毒，表现为脱毛、蹄部溃疡至脱落、繁殖力显著下降。当喂含硒量低的日粮时，体内的硒便被迅速排出体外。

4. 维生素的需要 维生素属于小分子有机化合物，其功能为启动和调节有机体的物质代谢。羊体必需的维生素分为脂溶性维生素（维生素 A、维生素 D、维生素 E、维生素 K）和水溶性维生素（B 族维生素和维生素 C）。维生素不足会引起机体代谢紊乱，羔羊表现出生长停滞，抗病力弱；成年羊则出现生产性能下降和繁殖机能紊乱。羊体所需的维生素除从饲料中获取外，还可由瘤胃微生物合成。在养羊业中人们一般对维生素 A、维生素 D、维生素 E、维生素 K、B 族维生素比较重视（表 2-4）。

表 2-4 羊对维生素的需要量

维生素	绵羊（每日、每只）				山羊（每日、每只）			最大耐受量（以干物质计）
	幼龄羊	成年育肥羊	种公羊	种母羊	幼龄羊	种公羊	种母羊	
维生素 A（$\times 10^3$ IU）	4.0～9.0	5.7～8.0	9.8～33	5.7～14	3.5～5.7	6.9～13.0	4.0～12	14～1 320 IU/kg
维生素 D（$\times 10^3$ IU）	0.42～0.7	0.5～0.76	0.5～0.76	0.5～1.15	0.4～0.55	0.33～0.62	0.42～0.9	7.4～25.8 IU/kg
维生素 E（mg）			51～81			32～61		560～1 500 IU/kg

资料来源：赵有璋，2016，羊生产学。

(1) 维生素A。维生素A是一种环状不饱和一元醇，具有多种生理作用。维生素A不足会出现多种症状，如生长迟缓、骨骼畸形、生殖器官退化、夜盲症等。绵羊每日对维生素A或胡萝卜素的需要量为每千克活重47 IU维生素A或6.9 mg β-胡萝卜素，在妊娠后期和泌乳期可增至每千克活重85 IU维生素A或125 mg β-胡萝卜素。绵羊主要靠采食胡萝卜满足维生素A的需要。

(2) 维生素D。维生素D为类固醇衍生物，分维生素D_2和维生素D_3两种。其功能为促进钙、磷吸收和代谢以及成骨作用。维生素D缺乏易引起钙和磷代谢障碍，羔羊出现佝偻病，成年羊出现骨组织疏松症。放牧绵羊在阳光下通过紫外线照射可合成并获得充足维生素D；但如果长时间处在阴雨天气或圈养，可能出现维生素D缺乏症，此时应喂给经太阳晒制的青干草，以补充维生素D。

(3) 维生素E。维生素E又称抗不育维生素，是化学结构类似酚类的化合物，极易氧化，具有生物活性，其中以α-生育酚活性最高。维生素E主要功能是作为机体的生物催化剂。维生素E缺乏易导致母羊胚胎被吸收或流产、死亡，公羊精子减少、品质降低、无受精能力，无性机能。严重缺乏时，还会出现神经和肌肉组织代谢障碍。新鲜牧草中的维生素E含量较高，自然干燥的牧草在贮存过程中大部分维生素E会损失掉。

(4) B族维生素。B族维生素主要作为细胞酶的辅酶，催化糖类、脂肪和蛋白质代谢中的各种反应。绵羊瘤胃机能正常时，瘤胃微生物能合成B族维生素满足羊体需要。但羔羊在瘤胃发育正常以前，瘤胃微生物区系尚未建立，日粮中需添加B族维生素。

(5) 维生素K。维生素K的主要作用是催化肝脏中凝血酶原和凝血质转化为凝血酶。当维生素K不足时，凝血酶的合成因受限制而使血凝能力差。青绿饲料富含维生素K_1，瘤胃微生物可大量合成维生素K_2，一般不缺乏。但在生产中，由于饲料间的拮抗作用，如草木樨和一些杂草中含有与维生素K化学结构相似的双香豆素，能妨碍维生素K的利用；霉变饲料中的真菌霉素有制约维生素K的作用；药物添加剂如抗生素和磺胺类药物能抑制胃肠道微生物合成维生素K，而出现维生素K不足，需适当增加维生素K的喂量。

5. 水的需要 水是羊体器官、组织的主要组成成分，约占体重的50%。水参与羊体内营养物质的消化、吸收、排泄等生理生化过程。水的比热高，对调节体温起着重要作用。羊体内失水10%可导致代谢紊乱；失水20%则会引起死亡。

羊体内水的来源包括饮水、饲料水和代谢水。羊体需水量受机体代谢水平、环境温度、生理阶段、体重、采食量和饲料组成等因素的影响。在自由采食情况下，饮水量为干物质采食量的2～3倍。饲料中蛋白质和食盐含量增加，饮水量随之增加；摄入高水分饲料，饮水量降低。饮水量随气温升高而增高，夏季饮水量是冬季饮水量的12倍。妊娠和泌乳期饮水量也要增加，如妊娠的第3个月饮水量开始增加，到第5个月饮水量是未妊娠羊的2倍；怀双羔母羊饮水量大于怀单羔母羊。

(二) 羊的饲养标准

羊的饲养标准又称为羊的营养需要量，是指羊维持生命活动和从事生产（乳、肉、毛、繁殖等）对能量和各种营养物质的需要量，各种营养物质不但数量要充足，而且比例要恰当。饲养标准就是反映绵羊、山羊不同发育阶段、不同生理阶段、不同生产方向和水平对能量、蛋白质、矿物质和维生素等营养物质的需要量。

羊的饲养标准（NRC推荐的饲养标准）见表2-5至表2-8。

表2-5　肉用绵羊的饲养标准——育成母羊

体重（kg）	日增重（g）	食入干物质（kg）	总消化养分（kg）	消化能（MJ）	代谢能（MJ）	粗蛋白质（g）	钙（g）	磷（g）	有效维生素A（IU）	有效维生素E（IU）
50	227	1.2	0.78	14.25	11.72	185	6.4	2.6	1 410	18
60	182	1.4	0.91	16.75	13.82	176	5.9	2.6	1 880	21
70	120	1.5	0.88	16.33	13.40	136	4.8	2.4	2 350	22
80	100	1.5	0.88	16.33	13.40	134	4.5	2.5	2 820	22
90	100	1.5	0.88	16.33	13.40	132	4.6	2.8	3 290	22

表2-6　肉用绵羊的饲养标准——肥育幼羊

体重（kg）	日增重（g）	食入干物质（kg）	总消化养分（kg）	消化能（MJ）	代谢能（MJ）	粗蛋白质（g）	钙（g）	磷（g）	有效维生素A（IU）	有效维生素E（IU）
30	295	1.3	0.94	17.17	14.25	191	6.6	3.2	1 410	20
40	275	1.6	1.22	22.61	18.42	185	6.6	3.3	1 880	24
50	205	1.6	1.23	22.61	18.42	160	5.6	3.0	2 350	24

表2-7　舍饲育肥绵羊的饲养标准

日增重	体重（kg）	干物质量（kg）	消化能（MJ）	可消化蛋白质（g）	钙（g）	磷（g）	食盐（g）	胡萝卜素（mg）	维生素A（IU）	维生素D（IU）
平均日增重为150 g	20	0.80	9.00	100	4.1	3.0	4	6	2 400	300
	30	0.95	12.01	105	5.7	3.3	6	6	2 400	450
	40	1.25	15.73	120	6.0	3.7	8	7	2 800	480
	50	1.45	17.41	135	7.2	4.3	9	8	3 200	500
	60	1.60	20.21	145	8.3	4.3	10	8	3 200	500
平均日增重为200 g	20	0.85	10.50	110	4.3	3.1	5	6	2 400	300
	30	1.10	13.77	120	6.1	3.6	6	7	2 800	480
	40	1.40	16.86	130	6.7	4.2	8	9	3 600	500
	50	1.65	20.08	140	8.2	4.9	10	9	3 600	600
	60	1.80	23.01	150	9.0	5.0	11	10	4 000	680

表2-8　种公羊的饲养标准

时期	体重（kg）	风干物（kg）	消化能（MJ）	蛋白质（g）	钙（g）	磷（g）	食盐（g）	胡萝卜素（mg）	维生素A（IU）	维生素D（IU）
非配种	80	2.60	19.16	125	8.0	4.5	12.0	16.0	6 000	750
	100	2.70	21.36	145	9.0	5.5	12.0	20.0	8 000	1 000
配种	80	2.70	24.69	210	10.0	7.5	17.0	30.0	12 000	1 500
	100	2.80	26.86	230	12.0	8.5	17.0	40.0	15 000	1 800

复习题

一、名词解释

青贮饲料　饲养标准　日粮　饲粮　日粮配合

二、填空题

1. 羊属于反刍类家畜，具有______结构，分为________、________、________和________四个室。

2. 羊常用的植物性饲料主要包括________、________、________和________。

3. 贮备干草的方法主要有________、________和________三种。

三、简述题

1. 简述羊生活习性。
2. 简述羊瘤胃微生物的作用。
3. 羊的日量配合应遵循哪些原则？
4. 羊日粮配合有哪几个步骤？
5. 青贮饲料的调制要点可概括为“六随”“三要”，其基本内容是什么？
6. 简述调制青贮饲料的步骤。

小论坛

1. 在生产中如何合理利用羊生物学特性发展羊生产？
2. 当地有哪些可用于发展羊生产的饲料资源，应当怎样合理利用？
3. 如何灵活应用羊饲养标准，结合当地养羊业发展状况配制全价配合饲料？

羊繁殖技术

◆【项目导学】

2016年春节刚过，在内蒙古达茂旗某养殖场，澳洲白羊与本地绵羊杂交产下的104只羔羊全部存活。在不到1周的时间里，这些羔羊体重就达到8 kg，体重比普通的本地羊高2 kg以上。

“过去我们一直养本地羊，这是第一次接触外国肉用羊。这个肉用羊品种就是不一样，没想到长得这么快，同样的时间内，这种杂交羊3个月基本上就长到50 kg，而且产的还基本都是双羔。这些羊饲养3个月后由屠宰企业按每千克活重30元回收，这样一算，比我们原来养本地羊每只能增收300元。下一步打算扩大养殖数量，计划要达到500只。”养殖户无比激动地向记者介绍自己内心的喜悦。

在当地像这样获得澳洲白羊杂交羔羊的养殖户就有500多家。经过了解才知道，原来这是2015年由政府与当地龙头企业进行合作，从澳大利亚引进了1 500只澳洲白羊以及胚胎2 000枚，在达茂旗带动养殖户利用羊人工授精、胚胎移植等先进繁殖技术对当地绵羊实施品种改良。这些繁殖新技术的应用不仅极大地改善了本地羊的品质，而且对农牧民增收致富以及政府在精准扶贫、技术扶贫等方面也将起到积极的助推作用。

试想案例中的养殖户为什么对今后的养羊充满了坚定的信心？显著提高牧民经济收入的关键因素是什么？他们还可以通过应用哪些繁殖技术改良本地母羊？

◆【项目目标】

1. 熟悉并了解有关羊繁殖的基本生理知识和新技术的研究与应用。

2. 会独立开展羊人工授精技术的详细操作。

3. 掌握母羊妊娠期的推算以及妊娠分娩的护理要点。

任务一 羊繁殖基础知识

任务导入

刚大学毕业的小李为了响应“大众创业，万众创新”的号召决定返乡创业。回到家乡后，他通过详细的市场调查并结合家乡实际自然条件，最终将自己的创业项目确立为生态养羊，生产优质羊肉。小李通过考察将生长速度快、产肉率高、肉质好、适合当地饲养的肉用品种杜泊羊作为饲养的对象。于是小李筹集资金 30 万元，从大型种羊场购进一批 4 月龄左右的小公羊和小母羊进行自繁自养。从此小李便和他的饲养员吃住在羊场，通过他们的精心照料，这群羊长势非常好。几个月后令小李高兴的是有很多母羊可能妊娠了，经查资料和咨询别人证实了他的猜测。想到自己的付出终于快要见到回报，小李特别高兴。可当母羊开始陆续产羔的时候，小李却并没有当初想象得那么高兴。因为有两个问题让他很苦恼：一是时常会有母羊产羔，多数是在毫无准备情况下产羔，不仅让他和饲养员手足无措，而且也不利于母羊和羔羊的管理。二是所产羔羊体质偏弱，成活率很低，使小李遭受了巨大的损失。为了搞清失败的原因，小李请教了相关的专家，专家对此的回答是小李在养羊过程中缺乏有关羊的繁殖基础知识和意识，其关键失误是没有将公母羊及时分群。

通过本任务的学习后，假如你是小李，你最终能够认同专家的答复吗？为什么要在一定的时期将公母羊分群饲养？请说明你的理论依据。

一、初情期、性成熟和初次配种年龄

（一）初情期

初情期指母羊初次发情并排卵的时期。该时期母羊生殖器官发育正在趋于完全，已初步具备受孕的能力。然而此时母羊还存在发情表现不明显、发情周期和排卵不规律的现象。

（二）性成熟

性成熟是公、母羊的生殖器官已完全发育成熟并能够正常繁育后代的阶段。通常公羊表现出正常的求偶配种行为，并能够产生具有受精能力的成熟精子。母羊出现有规律的发情征兆和排出成熟卵子。性成熟因品种、饲养管理条件和地域分布不同而有所差异，如山羊性成熟一般较早，多为 4～6 月龄，而绵羊则为 5～7 月龄。另外，饲养管理水平高、自然条件适宜的环境下性成熟也一般均有所提前。

特别指出的是：即便公母羊已达到性成熟的年龄，但其体格尚未发育完全。此时过早配种必将对种羊自身及其后代的发育产生不良影响。因此，生产实践中公母羔羊在断乳时，一定要将其分群管理，以免偷配。

（三）初次配种年龄

初次配种年龄也称适配年龄，在生产实践中为了追求经济效益最大化，常将母羊在性成熟之后、体成熟之前、体重达到成年羊体重的 70%时作为初次配种的年龄。

通常绵羊的适配年龄在 18 月龄左右，山羊在 10 月龄左右。同时还需兼顾饲养管理水平和母羊自身发育情况。如饲养管理和自身发育较好者，适配年龄可以提前一些；饲养管理差或自身生长发育不良者，适配年龄需适当推迟些。

二、母羊的发情和发情周期

（一）羊的发情季节

发情季节也称繁殖季节，是指自然环境下母羊集中发情配种的季节。通常绵羊发情季节始于当年 7 月、结束于翌年 1 月，多集中于 8—10 月。由于山羊对光照不如绵羊敏感，因而山羊为常年发情动物。另外，生长在寒冷地区或地方品种的羊发情季节性较炎热地区或培育品种的羊更为明显。

各品种公羊均无明显的繁殖季节，可常年配种，但在高温炎热季节会出现性欲减弱、精液品质下降现象。

(二) 发情与发情周期

1. 发情 发情是指母羊生长发育到一定时期以后，在生殖激素的作用下，表现出性欲并且生殖器官产生一系列特有变化的现象。

2. 发情表现 母羊发情时，一般会集中表现在生殖器官和性行为的变化上：母羊会表现精神不安、食欲减退、喜欢接近公羊、在公羊追逐或爬跨时静立不动。外阴红肿，阴道黏膜充血潮红并伴随黏液流出，子宫颈口开张、输卵管蠕动增强、卵泡发育成熟并排出卵子。

3. 发情周期 发情周期是指母羊从上一次发情开始到下一次发情开始的间隔时间。该时间段具有明显的周期性，会一直延续于母羊整个繁殖年限。绵羊的发情周期平均为 17 d，山羊为 21 d。

4. 发情持续期 发情持续期是指母羊从开始表现发情到发情症状完全消失的时间。绵羊和山羊的发情持续期为 1～2 d。

任务二 羊的人工授精

任务导入

中央电视台农业农村频道《致富经》栏目曾报道：80 后青年农民唐运喜贷款购买了 120 只波尔山羊进行饲养。但饲养半年后，连续死亡十几只母羊。他急忙请教专业技术人员后，才得知因为波尔山羊是外来品种，因暂未适应本地气候条件而患病。

周围的人都劝唐运喜把剩余的羊处理掉，不要再饲养，他们认为这种羊在当地根本不能养。从不轻易认输的他却有着自己的思考："能不能用公波尔山羊与本地母黑山羊杂交，产下杂交羊呢？或许杂交羊既能具有本地黑山羊的高抵抗力，又能兼具波尔山羊的体型大、生长快的优点。"于是唐运喜又贷款买进一批本地母黑山羊与原有的公波尔山羊进行杂交。但公波尔山羊与本地母羊体格差异悬殊，自然交配十分困难。这让他又再次陷入了迷茫。通过学习得知羊可进行人工授精，于是他请专业技术人员采取公波尔山羊精液，为本地母羊进行人工授精，效果显著。从此，唐运喜开始大力应用该项技术。

试想故事中主人公唐运喜的养羊事业最终能够快速地发展究竟归功于什么？通过本任务的学习你能说出人工授精技术在养羊生产中的实际价值吗？

一、母羊发情鉴定

1. 外部观察法

羊的发情鉴定与配种

(1) 观察母羊精神表现。母羊发情时精神表现为兴奋不安，对外界刺激反应敏感。

(2) 观察母羊行为表现。发情母羊行为表现为咩叫、反刍和采食时间显著减少，频频排尿、摆尾。一般不拒绝公羊接近和爬跨，并且会主动接近公羊。随着发情时间的持续，母羊的性欲表现由不明显到明显，再逐渐减弱直到完全消退。

(3) 观察母羊生殖器官的变化。母羊发情后生殖器官的突出变化是外阴部充血肿胀、阴唇黏膜红肿、阴道分泌出蛋清样的黏液。该黏液初期量少而稀薄，中后期量大并呈混浊黏稠状。同时，子宫颈呈现松弛状。

2. 阴道检查法

（1）保定。将待检母羊保定在距地面50～70 cm高的保定输精架上。或将母羊的头颈夹于两腿之前，用双手抬起母羊的两后肢，进行站立保定。

（2）消毒母羊外阴。用1%的来苏儿或0.2 %新洁尔灭消毒母羊外阴部及相关周围区域。

（3）消毒器械。开膣器或内窥镜在使用前进行严格消毒。

（4）观察。将消毒后的开膣器插入母羊阴道，并旋转90°后打开观察。主要观察的对象是阴道黏膜、黏液及子宫颈口。

①阴道黏膜颜色。发情时阴道黏膜颜色呈潮红色，未发情时黏膜颜色呈淡粉色。

②黏液状态。发情初期阴道黏液呈稀薄水样状，发情中后期黏液浓稠呈无色透明状，未发情则黏液量极少，不容易观察其状态。

③子宫颈口开张程度。发情时子宫颈口微微开张，器械较容易插入；未发情时子宫颈口闭锁，器械无法插入。

3. 试情法　利用试情公羊接近母羊，观察母羊的反应来判断其是否发情。

（1）选择试情公羊。挑选体格健壮、性欲旺盛、年龄最好在2～5岁的公羊作为试情公羊。

（2）系试情布。为避免公羊偷配，需在试情前给公羊系试情布。用长宽均为40 cm的白布，四角系上带子，捆扎在公羊的腹下，使其只能爬跨但不能交配。也可以将公羊去势后再用以试情。

（3）试情。将试情公羊放入母羊群，正处于发情期的母羊见到试情公羊后，会主动接近公羊，频频摇尾和咩叫，不安心采食并接受公羊的挑逗和爬跨。

（4）选出发情母羊。从大群中将试情后有发情表现的母羊及时挑选出来待配。

（5）赶公羊回圈。试情结束后，把试情公羊再赶回原圈。

注意事项：

①试情应安排在安静的环境中进行，最好在每天早晨和傍晚各进行1次。

②试情公羊与母羊的比例保持在1：（45～50）为宜。

③试情公羊除试情以外，切忌与母羊同圈饲养。试情公羊1周休息1 d。

④试情后将所用试情布及时清洗消毒，以防擦伤公羊阴茎和引起生殖疾病的交叉传播。

二、公羊精液采集

（一）调教初配种公羊

羊的精液采集与稀释保存

对于未参加过配种的种公羊，应在配种前1个月左右，对其进行有计划的调教训练。常选用以下几种方法：

1. 本交　让公羊在采精室与发情母羊本交几次。

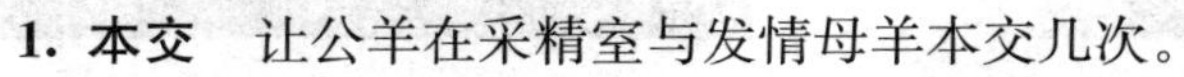

2. 并圈　若有不会爬跨的公羊，可将其与发情母羊并于一圈，诱使其爬跨。

3. 诱导　在其他公羊采精时，让被调教公羊站在旁边“观摩学习”。

4. 按摩　每天用温水将阴囊擦洗干净，用手自上而下按摩睾丸，早晚各1次，每次

15 min。

5. 用药 隔日注射丙酸睾酮，每次 1～2 mL，连续注射 3 次。

（二）采精前的准备

1. 采精器械的消毒 凡人工授精使用的器械都必须经过严格的消毒方可使用。消毒时需按照以下内容进行：

（1）消毒前应将器械洗净擦干，按器械性质、种类进行分装。

（2）除不宜放入高压锅内消毒的胶质类器械外，一般器械应尽量用蒸汽消毒，其余则用酒精消毒。

（3）蒸汽消毒时，器械应按使用的先后顺序放入高压消毒锅内，以方便使用。

（4）对于假阴道所用的内胎以及其他橡胶制品，先用热肥皂水刷洗干净，再用 75%酒精棉球擦拭消毒，待酒精挥发后用生理盐水冲洗 2 次，以备后用。

（5）润滑剂、生理盐水、棉球用前均需高温蒸汽消毒。

2. 安装假阴道

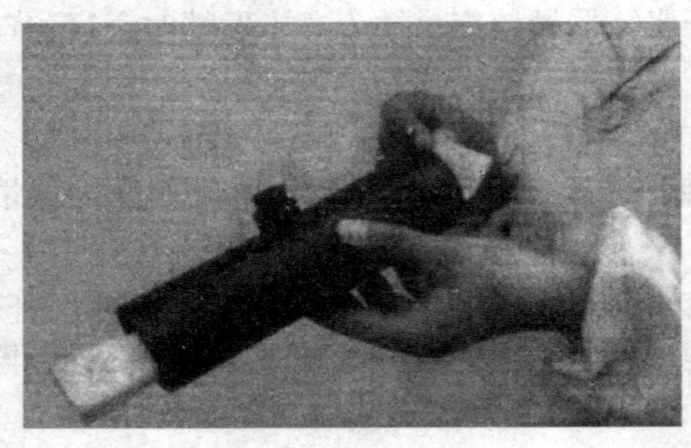

图 3-1　安装假阴道

（引自程凌、郭秀山，羊的生产与经营，第 2 版，2010）

（1）检查。先检查所用的假阴道外壳、内胎是否完好无损，安装前可将内胎放入开水中浸泡几分钟。

（2）安装。将内胎装入外壳，并保持其光滑面朝内，要求两端等长，然后将内胎两端翻套于外壳之上（图 3-1）。切忌将内胎扭转，并在内胎两端分别套上橡皮圈加以固定。最后将集精杯安装于假阴道一端。

（3）消毒。用长柄镊子夹取酒精棉球对内胎再次消毒。

（4）注水。一只手握住假阴道的中部，另一只手用量杯将 45 ℃左右的温水从注水孔注入（图 3-2）。注水量通常大约为 150 mL，生产中常竖立假阴道，水位到达注水孔即可。最后装上带活塞的气嘴，并关闭活塞。

（5）润滑。用玻璃棒蘸取少许润滑剂，在假阴道阴茎入口端大约前 1/3 处的位置，由外向内均匀涂抹一层润滑剂（图 3-3）。

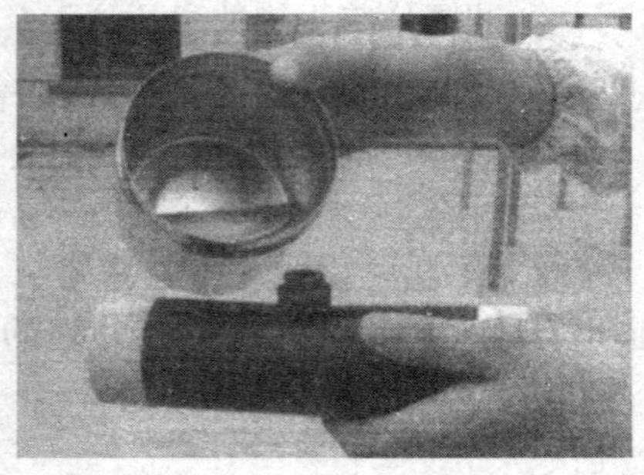

图 3-2　向假阴道内注入温水

图 3-3　假阴道的润滑

（引自程凌、郭秀山，羊的生产与经营，第 2 版，2010）

（6）充气。从假阴道注水孔充气加压（图 3-4），使涂抹润滑剂一端的内胎壁口突出呈 Y

形（图 3-5），最后用纱布盖好入口端。

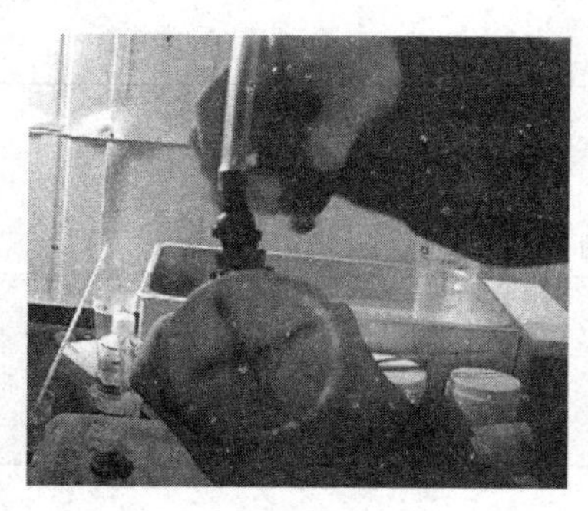

图 3-4　假阴道加压

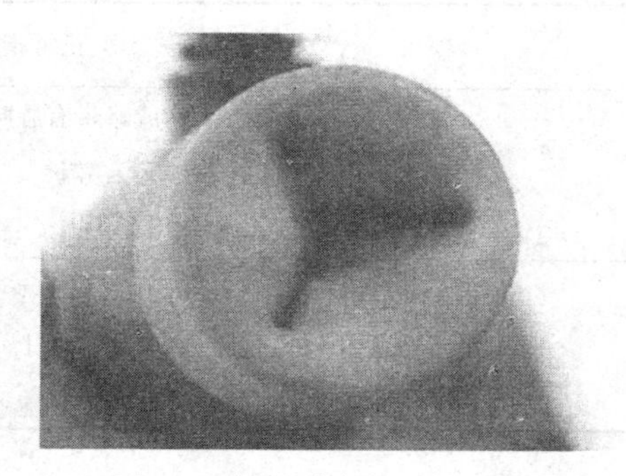

图 3-5　假阴道充气后的理想状态

（引自程凌、郭秀山，羊的生产与经营，第 2 版，2010）

（三）采精的操作流程

（1）台羊的准备。选择发情旺盛、体型与公羊相似的母羊做台羊，并将其保定在采精架上。

（2）公羊的引导。将公羊牵引到采精室后，不要让其立即爬跨台羊。先将公羊的会阴部的长毛或污物清除，并拭净包皮，等待几分钟后，再让其接触台羊。这样也有利于提高所采精液的品质。

（3）采精的实施。采精员蹲在公羊的右后方，右手横握假阴道，并将气嘴活塞朝下，使假阴道处于前低后高状态，应与地面保持 35°～40°。在公羊爬跨母羊时，迅速将阴茎导入假阴道内。当公羊射精完毕后，应及时将假阴道竖立，使装有集精杯的一端向下，放出空气，取下集精杯，盖好杯盖，送往精液处理室。

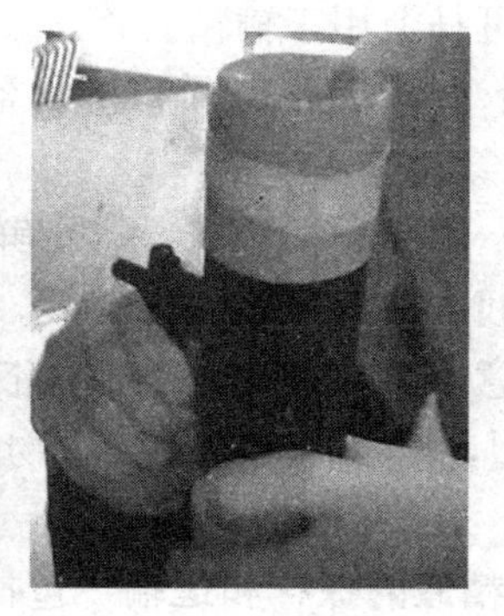

图 3-6　采精

（4）清理器械。倒出假阴道内的温水，将假阴道、集精杯在热肥皂水中充分清洗干净、烘干，待用。

（5）精液品质的检查。精液品质检查项目及指标见表 3-1。

表 3-1　精液品质检查项目及指标

（引自杨文平、岳文斌、高建广，轻轻松松学养羊，2010）

检查方式	项目	正常指标	异常指标
外观检查	颜色	灰色或乳白色	浅绿色、淡红色、黄色恶臭

（续）

检查方式	项目	正常指标	异常指标
外观检查	气味	无味或略带有腥味	异常气味
	状态	翻滚呈云雾状	有絮状物
	射精量	0.8～1.8 mL，一般为 1 mL	
显微镜检查	精子活率	≥60%	<60%
	精子密度	应在“中”以上	“稀”或“无”
	精子形态	畸形率≤14%	畸形率>20%

三、精液检查和输精

羊精液品质检查

（一）精液的稀释和保存

1. 稀释的作用

（1）稀释精液，增加精液量，增加配种母羊数量。

（2）添加卵黄、葡萄糖，为精子存活提供新的养分和能量，延长精子存活时间，提高受胎率。

（3）缓冲精液中的 pH，维持正常的渗透压和电解质平衡。

（4）抑制细菌繁殖，降低细菌对精子及母羊生殖器官的危害。

2. 配制稀释液 人工授精所选择的稀释液应力求配制简便，成本低廉，具有延长精子寿命、扩大精液量的效果，最常用的有以下 3 种：

（1）生理盐水稀释液。即用注射生理盐水直接作为稀释液，对原精液进行 1∶1 稀释，稀释后可马上用于输精。

（2）葡萄糖卵黄稀释液。葡萄糖 3 g、柠檬酸钠 1.4 g、新鲜卵黄 20 mL 混合溶解于 100 mL 蒸馏水中。

（3）脱脂乳稀释液。将新鲜牛乳或羊乳用纱布过滤，蒸汽灭菌 15 min，冷却至 30 ℃，吸取中间乳液即可用作稀释液。

注意事项：上述各类稀释液需现用现配，另外每 100 mL 稀释液中还需额外加入青霉素 10 万 IU，用以抑制病原微生物的生长繁殖。稀释应在室温下进行，并且稀释后的精液需经过检查，合格后方可使用。

3. 精液的保存和运输 包括常温保存法、低温保存法和冷冻保存法。

（1）常温保存法。在室温下，无须低温设备，精液保存 1～2 d 用于输精，超过 2 d 将会影响精子的受精能力。

（2）低温保存法。将温度控制在 0～5℃时，精子代谢率降低，停止运动，微生物繁殖受到抑制，此时精液的保存时间也较常温保存变得更长。值得注意的是该方法保存精液时，需要在稀释液中加入低温保护剂进行缓慢降温，以防精子因温度急剧下降而遭受冷休克。

（3）冷冻保存法。在－196～－79℃的超低温状态下，精子处于玻璃化状态，其代谢率为零，升温后精子复苏并且仍具备受精能力。该方法可长期保存精液，使用不受时间、地域以及种羊寿命的限制。

（二）训练输精

（1）输精器械的准备。准备好已消毒干燥的输精器械：开膣器、集精瓶、输精器、纱布、毛巾、台布、酒精棉球。

（2）精液的准备。新鲜原精液稀释后，每只母羊输精量为0.1～0.2 mL，颗粒冻精和细管冻精需先在35～40℃的温水中解冻后方可输精，颗粒冻精输精量为0.2 mL，细管冻精为1支。

（3）检查母羊生殖道。把待配母羊固定在输精架上，将母羊的外阴部用无菌纱布擦净，将消毒后的开膣器缓慢插入母羊阴道，旋转90°后打开。检查母羊生殖道是否有疾病，确认发情后方可输精。

（4）实施输精。轻轻地转动开膣器寻找到子宫颈口（黏膜颜色较深处），右手将事先已吸好精液的输精器插入母羊子宫颈口内1 cm，用大拇指按压活塞，注入适量的精液。缓慢取出输精器，拍打母羊的背部以防止精液倒流。

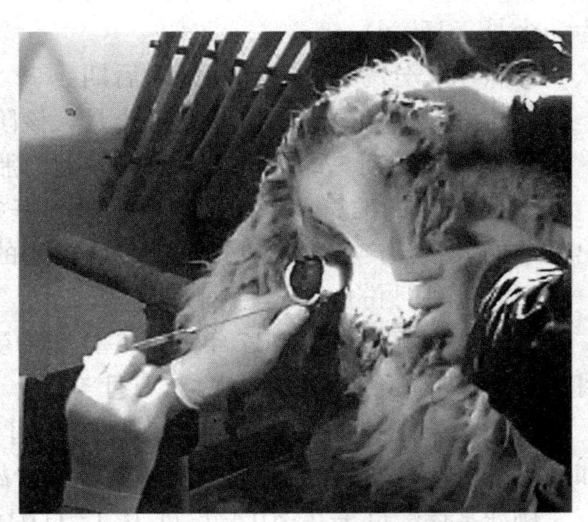

图3-7　输精

（5）清洗消毒器械。抽出开膣器和输精器后，用干燥的灭菌纸擦去污染部分，并及时严格清洗消毒器械。

注意事项：

（1）输精器吸取精液时，切忌吸入气泡。

（2）为提高受精率，在母羊第一次输精后，隔10～12 h需再输一次。

（3）母羊输精后休息20～30 min再驱赶，驱赶时要缓慢，严禁使母羊受到惊吓。

任务三　妊娠及分娩

任务导入

某县很多农户在当地政府的大力支持下养起了黑山羊，希望通过发展黑山羊产业脱贫致富。然而结果是很多人养殖黑山羊由于不懂市场分析、不懂科学饲养管理，羊群发展缓慢，最后只能放弃，唯独退伍青年小李将自己的黑山羊养殖产业搞得有声有色。令人不解的是小李的羊出栏时总能赶上好价钱，而且他的母羊产羔率和羔羊成活率都比别人高好几倍，因此别人都赔钱只有他赚钱。当众人向他讨教成功的秘诀时，他却毫无保留地详细介绍了自己的经验做法。其主要归纳为三点：一是将出栏时间安排到行情较好的中秋节或春节，从而推算确定母羊的最佳配种时间。二是及时准确掌握配种母羊是否受孕。三是掌握正确熟练的产羔、接羔和护理技能，确保较高的成活率。

通过本任务的学习，假如你是小李，你怎么向大家详细介绍以上三方面的成功经验呢？另外，究竟在何时配种才能将羔羊出栏安排在中秋节和春节呢？

一、妊娠期及预产期计算

1. 妊娠 妊娠是指从受精开始，经由受精卵阶段、胚胎阶段、胎儿阶段直至分娩的整个生理过程。

2. 妊娠期 妊娠期是指从配种受精至胎儿产出的时期。

妊娠期的长短因品种、多胎性、营养状况等的不同而略有差异。各品种母羊妊娠期平均为 5 个月（150 d）。

妊娠期又分为妊娠前期和妊娠后期。

（1）妊娠前期。即妊娠期前 3 个月，该阶段胎儿发育缓慢。

（2）妊娠后期。即临产前 2 个月，此时胎儿生长发育迅速。

3. 预产期的推算 生产实践中，母羊妊娠后为了做好分娩前的准备，非常有必要推算出母羊的大致预产期，推算预产期较为常用的是公式法。

（1）配种月份加 5，配种日期数减 2。

例如某待配母羊在 2017 年 3 月 6 日配种受孕，则它的预产期为 3＋5＝8（月），6－2＝4（日），即该母羊预产期是 2017 年 8 月 4 日。

（2）如果配种月份加 5 超过一年 12 个月者，应将年份推迟到下一年，即把该年的月份加 5 再减去 12，余数就是来年预产期月份，配种日期数同样减 2。

例如某待配母羊在 2017 年 11 月 12 日配种受孕，则它的预产期为 11＋5－12＝4（月），12－2＝10（日），即该母羊的预产期是 2018 年 4 月 10 日。

二、分娩前的准备和接产

分娩也称产羔，即妊娠期满，母羊将子宫内发育成熟的胎儿和胎衣排出体外的生理过程。

（一）母羊分娩前的征兆

1. 身体各部（乳房、外阴、骨盆）的变化 乳房膨胀，乳头直立增大、可以挤出少量黄色初乳，阴门肿胀潮红，阴道黏液由浓厚黏稠变为稀薄滑润。骨盆韧带松弛，耻骨联合和荐髋关节活动性增强。

2. 行为表现 在分娩前数小时，母羊表现为精神不安，食欲减退，回顾腹部，起卧不安，用蹄刨地，不断努责和咩叫，腹部明显下陷，排尿次数增多等。

（二）分娩前的准备

1. 产房、圈舍的准备 在舍饲养羊生产中，一般需设有专门的分娩舍和分娩栏，供临产和产后 1～3 d 的带羔母羊使用，分娩前要对分娩舍和分娩栏进行严格清扫和消毒。舍内环境要求通风良好、清洁干燥、没有贼风，并在圈内铺设干燥清洁的垫草。产房温度应保持在5 ℃以上。

2. 待产母羊的准备 将有分娩症状的母羊安置于分娩舍，给其饮用添加少量麸皮的淡盐水。同时将外阴部清洗干净并进行消毒，再用温水洗净乳房，挤出几滴初乳。

3. 接产人员的准备 对接产人员和助手提前进行专门的培训，学习熟悉分娩的操作流程，确保接产工作的顺利进行。

4. 器械与药品的准备 准备碘酒、药棉、线绳、消毒液、纱布块、抗生素、剪刀、镊子等。

（三）母羊正常分娩

1. 阵缩与努责　母羊出现有节律性的强烈腹痛与努责时，表明子宫角开始收缩，子宫颈口完全开张，胎儿和尿囊绒毛膜进入骨盆入口，尿囊绒毛膜破裂，尿囊液（羊水）流出阴门。

2. 胎儿产出　胎儿随羊膜向骨盆出口移动，通过膈肌和腹肌的收缩，胎儿经产道产出。胎儿正常产出姿势为两前肢及头部先出，头部紧靠在两前肢上面。若产双羔时，先后间隔5～30 min。

3. 胎衣排出　胎儿产出后2～3 h排出胎衣。排出的胎衣要及时取走，以防被母羊吞食导致消化不良或养成食胎衣恶习。

（四）异常分娩与助产

生产中常常会出现由于母羊骨盆、阴道狭窄或胎儿过大，母羊身体虚弱，子宫收缩无力以及胎位异常，引发异常分娩的现象，异常分娩也称难产。

当遇到以下异常分娩情况需及时进行助产：

（1）胎儿已露出阴门但羊膜未破，接产人员应立即撕破羊膜，使胎儿的鼻端露出并将口鼻内的黏液擦净，待其产出。

（2）羊水已流出，胎儿尚未产出，母羊阵缩及努责无力时，接产人员蹲在母羊体躯后侧，用膝盖轻压其肷部，当胎儿的嘴部露出时，用手向前推动母羊的会阴部，待胎儿头部露出时助手用一只手拉住头部，另一只手握住前肢，随母羊努责节律顺势向后下方拉出胎儿。

（3）羊膜破水后30 min以上，胎位不正时，需先将胎儿露出部分送入产道，抬高母羊后躯，手入产道校正胎位，然后随母羊有节奏的努责将胎儿拉出。

注意事项：

（1）拉出胎儿时切忌用力过猛或不随着努责的节奏硬拉而损伤产道。

（2）手入产道前，必须将手指甲剪短、磨光，消毒手臂，戴上一次性长臂手套，涂上润滑油。

（3）对于羊膜囊已破水时间较长，胎儿已进入产道者，应及时对其进行助产，以防胎儿窒息和危及母羊生命的现象发生。

三、羔羊和产羔母羊的护理

1. 正常初生羔羊的护理

（1）清理口腔。羔羊产出后，应及时将其口腔、鼻腔内的黏液用毛巾擦净，以免黏液流入呼吸道而引起窒息或异物性肺炎。

（2）断脐。羔羊脐带通常会随着母羊站起而自行断裂。如脐带未断裂者可由接产人员在距其腹部5～10 cm处用手拧断，再涂以碘酒消毒。

（3）哺乳。羊羔出生后10 min即可站立，寻找母羊乳头。首次哺乳应在接产人员护理下进行，使羔羊能够尽早吃到初乳。初乳不仅营养丰富，含有免疫物质，而且具有轻泻的作用，有利于胎粪排出和清理肠道。

（4）清理胎粪。羔羊产出后4～6 h即可排出黑褐色、黏稠状胎粪。胎粪由于黏性大，易造成“糊肛”，应及时将其清理干净，以免影响排便。

（5）编号。生产中为了便于管理、避免哺乳或免疫的混乱以及能够发现病羔并对其及时治疗，常常需要对母、仔进行编号。

注意事项：

（1）对于弱羔（不会吮吸乳头者）、双羔、孤羔可找保姆羊代乳或人工哺乳。人工哺乳通常用羊乳粉或新鲜消毒牛乳喂养，要求定温（38～39℃）、定时、定量、定质。

（2）若羔羊出现频频努责、咩叫或产后 24 h 以上仍不见胎粪排出，可能是胎粪停滞，应及时采取灌肠通便等措施。

2. 假死羔羊的护理 假死即羔羊出生后不呼吸但发育正常且心脏跳动的现象。生产实践中常用以下方法对假死羔羊进行护理：

（1）提起、拍背。接产人员提起羔羊两后肢，拍击其背和胸部。

（2）屈肢、拍胸。让羔羊平卧，用两手有节律地推压羔羊胸部两侧。

（3）水浴、苏醒。对于受凉而造成的假死羔羊，应立即将其移入暖室进行温水浴。水温由 38℃逐渐升至 45℃，水浴时确保将羔羊头露出水面严防呛水，水浴 30 min 左右。待羔羊苏醒后，立即用干毛巾擦干全身。

其他方面的护理则与正常初生羔羊相同。

3. 产羔母羊的护理

（1）保暖、防潮。产后母羊应注意保暖、防潮，必要的时候给母羊系上腹带或铺上干燥清洁的垫草，避免贼风，防止感冒，为母羊营造安静舒适的休息环境。

（2）提供适宜的饮水。在产后 1 h 左右，应给母羊提供温水（25～30℃）1.5 L，切忌给母羊饮冷水，饮水中最好加入少量食盐、红糖和麦麸。

（3）清洁乳房。产羔后应用湿毛巾擦洗母羊乳房，剪去母羊乳房周围的羊毛，挤掉少量乳汁，以利于羔羊能够及早吮吸初乳。

（4）防治产科疾病。母羊产羔后应注意观察其胎衣排出情况。通常胎衣会在分娩后2～3 h排出，若超过 12 h 则可能会引起子宫内膜炎等产科疾病。另外为了避免乳腺炎的发生，产后 3 d 以内精饲料饲喂量不宜过多，3 d 以后再逐渐增加精饲料饲喂量，并辅以优质干草或青贮饲料。如果发生产科疾病应及时对母羊进行治疗，以免影响下一胎的正常发情配种。

知识拓展

一、妊娠诊断

母羊的妊娠诊断一般分为临床诊断和实验室仪器、试剂诊断两类。

（一）临床诊断

1. 外部观察法 母羊受胎后，发情停止，食欲增强，毛色光亮润泽，性情较为温顺。

2. 触摸诊断法 母羊自然站立时，操作者两手以抬抱的方式在母羊乳房的前上方、腹壁前后滑动，当触摸到有胚胎包块时可初步判定妊娠。

3. 阴道检查法 用开膣器打开阴道后，通过观察阴道黏膜颜色、阴道所分泌黏液的状态以及子宫颈口的开张情况来判断是否妊娠（表 3-2）。

表 3-2　妊娠与空怀的对比

母羊种类	阴道黏膜色泽	黏液性状	子宫颈口开张状况
妊　娠	打开阴道后，在很短时间内阴道黏膜由苍白色变为粉红色	颜色呈透明状，量少浓稠，能在手指间牵拉成线	子宫颈口紧闭，色泽苍白，并有黏块堵塞
空　怀	始终为粉红色	颜色呈灰白色，量多稀薄，不能在手指间牵拉成线	子宫颈口松弛，色泽淡粉色，无黏块堵塞

注意事项：妊娠母羊和未发情母羊的表现有相似之处，采用上述阴道检查法进行妊娠诊断时容易混淆，需要考虑其他方面加以区分。

（二）实验室仪器、试剂诊断

1. 免疫学诊断法　妊娠母羊血液、胚胎、子宫、黄体中含有特异性抗原，该抗原能结合血液中的红细胞。用它制备的抗体血清和待查母羊血液混合时，如果红细胞出现凝集现象，则可判定妊娠；如果未发生红细胞凝集则判定未妊娠。

2. 激素测定法　母羊妊娠后，血液中的孕酮含量较空怀母羊会显著升高，利用这个特点，通过测定母羊血液中孕酮含量来判断其是否妊娠。如配种后 20～25 d，绵羊每毫升血浆中孕酮含量在 1.5 ng 以上，其妊娠诊断准确率大约为 93%。

3. 超声波探测法　利用超声波的反射对母羊进行检查。该方法是目前诊断母羊妊娠最可靠的方法之一。它不仅可以进行妊娠诊断，而且可以预测胎数、监测胎儿的生长发育情况等。实践中应用超声波探测仪（B 超），通过探听血液在脐带、胎儿血管和心脏中的流动情况，就可以成功测出妊娠 26 d 的母羊，如果到 42 d 时，其诊断准确率可达到 99% 以上。因此，用超声波诊断母羊早期妊娠的最佳时机是配种 42 d 以后。

图 3-8　B 超妊娠检查
（图片由肖西山提供）

二、羊繁殖新技术的应用

（一）同期发情技术

利用激素或药物处理母羊，使大多数母羊能在一定的时期内集中发情。

1. 阴道海绵栓处理法　将浸有孕激素的阴道海绵栓放在母羊子宫颈外口处的位置（图 3-9），10～14 d 后取出，并肌内注射孕马血清促性腺激素 400～500 IU，经 1～2 d 后，母羊发情率可达 90%以上。

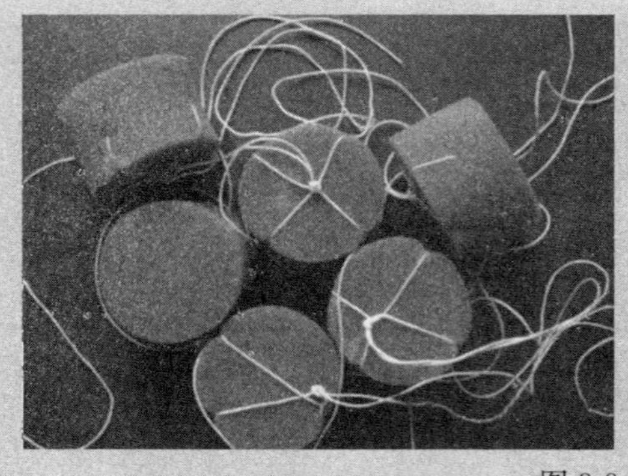

图 3-9　阴道海绵栓及放置
（图片由肖西山提供）

2. 前列腺素处理法　给每只母羊颈部肌内注射氯前列烯醇 1～2 mL，1～5 d 同期发情率达到 90%以上，效果较好。对于注射后无反应的母羊，间隔 10 d 后再进行第二次注射。

生产实践中为提高同期发情母羊的配种受胎率，通常可于配种时肌内注射适量促排卵素 3 号或促黄体素。

3. 药管埋植法　在繁殖期，给母羊耳部皮下埋植孕激素管 1 周后，再按每千克体重注射孕马血清促性腺激素 1 000 IU，72 h 内就会发情。

（二）超数排卵与胚胎移植技术

1. 超数排卵　即在母羊发情周期内，应用外源性促性腺激素诱发母羊卵巢内多个卵泡同时发育并排出具有受精能力的卵子的方法。该方法目的是得到较多的胚胎用于胚胎移植。

超数排卵处理方法主要有以下两种：

（1）孕马血清促性腺激素处理法。在供体（提供胚胎的优良品种母羊）自然发情或诱导发情后的第 16 天，皮下注射 1 次孕马血清促性腺激素，注射量按每千克体重 25～30 IU 计算，能达到较好的超数排卵效果。

（2）促卵泡激素处理法。在供体发情后 10 d，每天早晚各肌内注射 1 次促卵泡激素，每次注射剂量 50 IU，连续注射 4 d，也可起到超数排卵的目的。

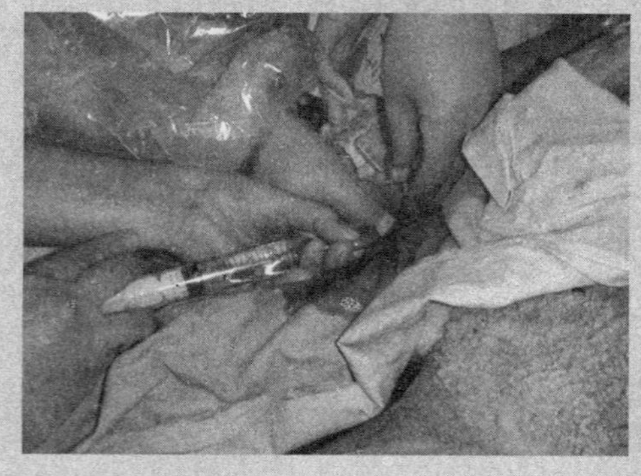

图 3-10　胚胎收集
（图片由肖西山提供）

2. 胚胎收集　在供体母羊配种后第 8 天，胚胎在子宫内发育到晚期桑葚胚或早期囊胚时，通过手术法用冲卵液将胚胎从供体母羊子宫角中冲出来后做收集处理（图 3-10）。

3. 胚胎移植　胚胎移植是将供体母羊子宫内取出的早期胚胎移植到另一只经过同期发情处理的受体母羊（接受并孕育胚胎）的子宫内进行发育，并最终正常分娩和哺育后代的过程。

这种以“借腹怀胎”形式生产出供体后代的技术模式使供体母羊的优良遗传性状得到充分发挥，进而加快了优良供体母羊的品种繁育进程。

注意事项：

（1）胚胎移植过程中的供体羊和受体羊必须进行同期发情处理，使得两者处于相同的生理发育期。

（2）受体羊的选择并无严格要求，无传染病和生殖疾病、体质健康、繁殖功能正常的一般母羊即可。

（三）诱导发情技术

在母羊乏情期内，通过应用激素、药物及管理措施人为引起母羊发情排卵并进行配种。其优点在于人为控制母羊发情，缩短母羊的繁殖周期，实现全年配种，增加胎次，实行密集产羔，从而极大地提高了母羊的繁殖力。常用方法如下：

1. 孕激素处理　用孕激素制剂（如阴道海绵栓、皮下埋植药管）处理 14 d，在停药当天分别肌内注射孕马血清促性腺激素 500～700 IU 和氯前列烯醇 0.1 mg，一般 30 h 左右即可开始发情。

2. 公羊诱情　在配种季节即将到来前 12 周，对母羊提高饲料营养水平的同时，并将公羊放入母羊群中，利用公羊刺激母羊尽早发情。

3. 光照控制　由于羊属于短日照发情动物，因此在母羊不发情的季节，可以通过缩短光照时间诱导母羊发情。如人为控制每日光照时间为 8 h，连续处理 70～80 d 后即可发情。

（四）诱发分娩技术

诱发分娩技术是在母羊妊娠末期的一定时间内，注射激素类制剂，诱发受胎母羊在比较确定的时间段内集中分娩。该技术通过控制母羊分娩过程和时间，不仅有利于接产、护羔，而且还能极大地降低羔羊在分娩时的死亡率。具体方法是：在妊娠 140 d 后，给母羊肌内注射地塞米松磷酸钠注射液 15～20 mg，40 h 内至少有 50%的母羊开始分娩。

（五）诱怀双羔技术

在生产实践中，为了诱导母羊怀双羔或多羔，常采用遗传选择、配种前注射双羔素、胚胎移植或营养调控等方法。例如在胚胎移植过程中，追加 1 枚胚胎到受体母羊子宫内，诱导其增加产双羔的概率。

复习题

一、判断题

1. 母羊发情时精神常表现为兴奋不安。（　　）
2. 人工授精技术极大地提高了优良种公羊的利用率和母羊的受胎率。（　　）
3. 调教初配种公羊一般是在配种前 1 周左右进行。（　　）
4. 凡人工授精所使用的器械都必须经过严格的消毒后才能够使用。（　　）
5. 采精时，要求假阴道的温度是 70℃。（　　）
6. 母羊受胎后则表现发情停止，食欲增强，性情较为温顺。（　　）
7. 生理盐水不能作为稀释液稀释精液。（　　）

二、简述题

1. 简述母羊发情时的症状。
2. 简述母羊输精的操作要点。

小论坛

1. 结合你所见到的，谈谈羊的人工授精环节。
2. 谈谈羊的胚胎移植方法和步骤。

毛用羊生产技术

◆【项目导学】

羊毛是养羊业的主要产品之一，它是人类在纺织上最早利用的天然纤维之一。羊毛纤维柔软而富有弹性，可用于制作呢绒、绒线、毛毯、毡呢等生活用和工业用的纺织品，而羊毛制品有手感丰满、保暖性好、穿着舒适美观等特点，因此羊毛在纺织原料中占有相当大的比重，是毛纺工业的重要原料。羊毛品质是毛用羊生产性能好坏、高低的直接指标，直接关系到养羊业和毛纺工业的发展。毛用羊生产技术就是通过了解掌握不同品种羊的经济类型、产地、外貌特征、生产性能及其科学饲养管理技术，结合当地环境条件和经济状况，确定适合当地饲养的羊品种，进而能够进行羊毛品质的分析测定，以便能生产更多的优质羊毛，满足毛纺工业的需求。

◆【项目目标】

1. 能够辨认国内外主要绵、山羊品种。
2. 了解不同品种毛用羊的外貌特征和生产性能。
3. 能够结合当地环境条件和经济状况，确定适合当地饲养的毛用羊品种。
4. 了解羊毛的基本知识，能够描述羊毛形态学结构和组织学结构，准确辨认不同羊毛纤维类型及羊毛种类。
5. 了解不同阶段羊的生理特点，掌握毛用羊饲养管理技术。
6. 能够选择正确的剪毛、药浴方法，完成绵羊的剪毛和药浴。
7. 会进行羊毛品质的测定。

任务一 毛用羊品种

任务导入

近年来，养羊前景不错，价格稳定，病死率低，利润可观，有些积蓄的杨洋有了投资羊养殖场的想法，并通过多种渠道了解了养羊行情、发展前景和经济效益。可毫无养羊经验的他应怎样结合当地自然条件，选择合适品种的羊呢?

一、羊毛的特性

（一）羊毛的特点

人们通常所说的羊毛一般指的是绵羊毛。绵羊毛及其织品具有以下特点：

（1）吸收水分与保持水分的性能比其他纤维好。

（2）韧性大，强度大，织品比较结实，经久耐用。

（3）导热性能差，保温性能好，且能透过紫外线，穿着由羊毛制作的服装有益于人体健康。

（4）伸度大，弹性好。毛制衣服经久平展，不易皱缩，常保持美观式样；毛线衣宽紧随意，称体贴身；羊毛地毯经久踩踏，不易变形。

（5）相对密度小，制成衣服比较轻便。

（6）染色性好，染色后光泽柔和，美观悦目。

（二）羊毛纤维类型

羊毛纤维类型是指对单根羊毛纤维而言。根据羊毛纤维的细度、表观形态、组织学构造、生长部位以及工艺价值等，可将羊毛纤维分为有髓毛、无髓毛、两型毛及刺毛四种类型。

1. 有髓毛　有髓毛又可分为正常有髓毛、干毛、死毛三种。干毛和死毛都是正常有髓毛的变态毛。

（1）正常有髓毛。也称发毛。刚毛。是一种粗、长、无弯曲或少弯曲的毛纤维。其细度一般在 40～120 μm。

（2）干毛。在组织结构上与正常有髓毛相同。由于毛纤维上端受雨水冲刷失去了油脂，毛纤维变得干枯粗硬、色黄、易折断、缺乏光泽，而且不易染色。其工业价值极低，被毛中存在的干毛越多，羊毛品质越差。

（3）死毛。其组织学构造的特点是髓质层特别发达，几乎看不到皮质层。毛纤维粗硬、脆弱易断、无光泽、不能染色，完全失去了弹性，无纺织价值。

2. 无髓毛　细毛羊所产羊毛基本都是无髓毛，粗毛羊被毛底层生长的很细的毛称绒毛，也是无髓毛。无髓毛的细度在 30 μm 以下。

3. 两型毛　也称中间型毛。其细度、长度以及其他工艺价值均介于有髓毛和无髓毛之间，细度在 30～50 μm。组织学构造接近于无髓毛，具有较细的、断续的或点状髓。鳞片大多为环形。在工艺价值上，两型毛要比有髓毛好，两型毛比例大的羊毛是制作提花毛毯、长毛绒、工业用呢及地毯等的优质原料。

4. 刺毛　刺毛又称覆盖毛。着生于绵羊的面部和四肢下端，有时尾端也有，对羊体有保护作用。其特点是粗、短、硬，呈微弓形，光泽较强。在毛纺工业中，刺毛无利用价值。

（三）羊毛的种类

羊毛种类是针对毛被或套毛而言，按其组成的纤维类型成分，可分为同质毛和异质毛。

1. 同质毛　是指一个套毛的各个毛丛，基本由同一类型的纤维组成。这种羊毛纤维的细度、长度、弯曲及其外表特征看起来基本相同。细毛羊、半细毛羊以及改良程度很高的杂种羊的羊毛均属于这一类。

2. 异质毛　也称混型毛，这种羊毛是由各种不同类型的毛纤维组成。在一个套毛中，毛丛由两种以上不同纤维类型的毛纤维所组成，由于毛纤维类型不同，其纤维的细度、长度、弯曲度及其他特征也彼此不同，多成毛辫结构。粗毛羊以及杂交改良程度较低的杂种羊羊毛均属于此类。

二、毛用羊品种及利用

（一）国外引进的主要毛用羊品种及利用

1. 细毛羊品种

（1）澳洲美利奴羊。

①产地。澳洲美利奴羊原产于澳大利亚，是世界上最著名的细毛羊品种。

②外貌特征。澳洲美利奴羊体型近似长方形，腿短、体宽、背部平直，后躯肌肉丰满。公羊颈部有1～3个发育完全或不完全的横皱褶，母羊有发达的纵皱褶。该品种羊的毛被、毛丛结构良好，被毛密度大，细度均匀，油汗白色，弯曲均匀、整齐而明显，光泽良好。羊毛覆盖头部至两眼连线，前肢至腕关节或以下，后肢至飞节或以下（图4-1）。

图4-1 澳洲美利奴羊

③生产性能。在澳大利亚，澳洲美利奴羊被分为四种类型，它们是超细型、细毛型、中毛型及强毛型。其中，又分为有角系与无角系两种。无角系是由隐性基因控制的，通过选择无角公羊与母羊交配而培育的。

不同类型澳洲美利奴羊的主要生产性能见表4-1。

表4-1 不同类型澳洲美利奴羊的主要生产性能

类型	体重（kg）		产毛量（kg）		细度（支）	净毛率（%）	毛长（cm）
	公	母	公	母			
超细型	50～60	34～40	7～8	4～4.5	70	65～70	7.0～8.7
细毛型	60～70	34～42	7.5～8	4.5～5	64～66	63～68	8.5
中毛型	65～90	40～44	8～12	5～6	60～64	62～65	9.0
强毛型	70～100	42～48	8～14	5～6.3	58～60	60～65	10.0

超细型澳洲美利奴羊体型较小，羊毛颜色好，手感柔软，密度大，纤维直径一般在18 μm以下，毛丛长度为7.0～8.7 cm。

细毛型澳洲美利奴羊体型中等，结构紧凑，纤维直径为19 μm，毛丛长度为8.5 cm。此两种类型羊毛主要用于制造高级织品和流行服装。

中毛型澳洲美利奴羊是澳洲美利奴羊的主要代表，主要分布于澳大利亚新南威尔士州、昆士兰州和西澳大利亚州的广大牧区。体型较大，相对无皱褶，产毛量高，手感柔软，颜色洁白，纤维直径为20～23 μm，毛丛长度接近9.0 cm。此类型羊毛占澳大利亚产毛量的70%，主要用于制造西装等织品。

强毛型澳洲美利奴羊主要分布于新南威尔士州西部、昆士兰州、南澳大利亚州和西澳大利亚州，尤其适应于澳大利亚的炎热、干燥的干旱和半干旱地区。该羊种体型大，光脸无皱褶，易管理，纤维直径为23～25 μm，毛丛长度约10.0 cm。此类型羊所产羊毛主要用于制作较重的布料和运动衫。

④利用效果。1972—1985年，我国用澳洲美利奴公羊做父本，波尔华斯羊、新疆细毛羊、军垦细毛羊做母本，进行级进杂交，培育出中国美利奴羊新品种。新疆、内蒙古、甘肃、青海、吉林、黑龙江等细毛羊产区纷纷引入澳洲美利奴公羊进行导血，对这些地区细毛羊净毛产量的提高和羊毛综合质量的改善均有显著效果。

（2）苏联美利奴羊。

①产地。苏联美利奴羊原产于苏联。

②外貌特征。头大小适中，体型中等，体躯较长，胸部宽深，背腰平直，肢势端正。公羊有螺旋形角，颈部有1～2个横皱褶；母羊多数无角，颈部有纵皱褶。细毛着生稍过两眼连线，前肢至腕关节或以下，后肢至飞节或以下，腹毛长密呈毛丛结构。被毛闭合性良好，密度中上等。

③生产性能。苏联美利奴羊有毛用型和毛肉兼用型两种类型，目前分布最广的是毛肉兼用型。成年公羊体重为100～110 kg，成年母羊为55～58 kg。成年公羊剪毛量16～18 kg，成年母羊为6.5～7.0 kg。公羊毛长为8.5～9.0 cm，母羊为8.0～8.5 cm。细度以64支为主，净毛率38%～40%。母羊平均产羔率120%～130%。

④利用效果。从1950年起，苏联美利奴羊输入我国，在许多地区适应性良好，改良粗毛羊效果比较显著，并参与了东北细毛羊、内蒙古细毛羊和敖汉细毛羊等新品种的育成。

（3）德国美利奴羊。

①产地。德国美利奴羊原产于德国。

②外貌特征。德国美利奴羊体型大，性成熟早，胸宽深，背腰平直，肌肉丰满，后躯发育良好（图4-2）。公、母羊均无角。

③生产性能。成年公羊体重为90～100 kg，成年母羊为60～65 kg。剪毛量成年公羊为10～11 kg，成年母羊为4.5～5.0 kg，净毛率为45%～52%；羊毛长度为7.5～9.0 cm，细度为60～64支。产羔率为140%～175%。德国美利奴羊生长发育快，性早熟，肉用性能好。6月龄羔羊体重可达40～45 kg，胴体重为19～23 kg，屠宰率为47%～51%。

④利用效果。我国从1958年起曾多次引入，分别饲养在江苏、安徽、内蒙古、黑龙江、吉林、辽宁、甘肃和山东等省份，该品种曾参与了内蒙古细毛羊、阿勒泰肉用细毛羊等品种的育成。同时，有许多省份曾将该品种与蒙古羊、欧拉羊、小尾寒羊、细毛羊等进行杂交生

图 4-2　德国美利奴羊

产肉羊试验，效果良好。

但在德国美利奴羊纯种繁殖的后代中，公羊中有隐睾的个体比较多，在引入和使用该品种时应引起注意。

2. 半细毛羊品种

（1）茨盖羊。

①产地。茨盖羊属于半细毛羊，是一个古老培育品种的后代，原产于巴尔干半岛和小亚细亚。

②外貌特征。公羊有螺旋形的角，母羊无角或只有角痕。体格较大，胸深，背直而宽。羊毛着生于头部至眼线，前肢至腕关节，后肢至飞节。被毛白色，但少数个体在面部、耳及四肢有黑色或褐色的斑点。

③生产性能。成年公羊平均体重为 80～90 kg，成年母羊为 50～55 kg。剪毛量成年公羊为 6～8 kg，成年母羊为 3.5～4.0 kg，毛长 8～9 cm，细度 46～56 支，净毛率 50%左右。屠宰率 50%～55%。产羔率 115%～120%，母羊恋羔性强、泌乳性能好。

茨盖羊最大的优点是体质结实，能耐受比较严酷的自然环境和粗放的饲养管理条件。

④利用效果。我国自 1950 年起从苏联的乌克兰地区引入，主要饲养在内蒙古、青海、甘肃、四川和西藏等省份。茨盖羊适应性良好，是培育青海高原半细毛羊、内蒙古半细毛羊的主要父本之一。

（2）罗姆尼羊。

①产地。罗姆尼羊又名罗姆尼・马尔士羊，原产于英国东南部的肯特郡，故又称肯特羊。

②外貌特征。公、母羊均无角（图 4-3）。因生态条件不同，各国罗姆尼羊的体型外貌有一定差异。英国罗姆尼羊四肢较高，体躯长而宽，后躯比较发达，头型略显狭长，头和四肢被毛覆盖较差，体质结实，骨骼坚强，放牧游走和采食能力强。新西兰罗姆尼羊体格中等，体躯长，肉用体型好，背腰平直，四肢短矮，被毛覆盖良好，但放牧游走能力差。

③生产性能。成年公羊体重为 90～110 kg，成年母羊为 80～90 kg。剪毛量成年公羊为 4～6 kg，成年母羊为 3～5 kg，净毛率 60%～65%，毛长 11～15 cm，细度 46～50 支。产羔率 120%，4 月龄羔羊胴体重公羔 22.4 kg、母羔 20.6 kg。

图 4-3　罗姆尼羊

④利用效果。我国从 1966 年开始先后从英国、新西兰和澳大利亚引进，分别饲养在青海、内蒙古、甘肃、山东、江苏等省份。在东南沿海及南方各省份（云南、湖北、安徽及江苏）饲养效果较好，而在甘肃、青海和内蒙古饲养的适应性较差。罗姆尼羊是我国育成的青海高原半细毛羊和云南半细毛羊的主要父本之一。

（二）我国主要毛用羊品种及利用

1. 细毛羊品种

（1）新疆细毛羊。

①产地。新疆细毛羊于 1954 年育成于新疆维吾尔自治区巩乃斯种羊场，是我国育成的第一个细毛羊品种，是毛肉兼用型细毛羊。

②外貌特征。公羊有螺旋形角，母羊无角。公羊鼻梁稍有隆起，母羊鼻梁呈直线或近似直线。公羊颈部有 1～2 个完全或不完全的大横皱褶和发达的纵皱褶，母羊有 1 个横皱褶或发达的纵皱褶。公、母羊体躯无皱褶，皮肤松弛，体质结实，颈短，鬐甲宽平，胸宽深，背长直，体躯长深，腹线平直，后躯丰满，四肢结实，肢势端正（图 4-4）。被毛毛丛结构良好，毛密度大，各部位毛丛长度和细度均匀。头毛密长，着生至眼线，前肢毛着生至腕关节，后肢至飞节。腹毛着生良好，有毛丛结构。

③生产性能。新疆细毛羊成年公羊平均体重 88.0 kg，平均剪毛量 12.4 kg，净毛率

图 4-4　新疆细毛羊

50.9%，折合净毛重 6.32 kg，平均毛长 11.2 cm；成年母羊平均体重 48.6 kg，平均剪毛量 5.46 kg，净毛率 52.3%，折合净毛重 2.85 kg，平均毛长 8.74 cm。羊毛细度 60～64 支。屠宰率 48.61%，净肉率 31.58%。性成熟在 8 月龄左右，初配年龄 1.5 岁。母羊发情周期为 17 d，发情持续期 24～48 h。产羔分冬（1—2 月）、早春（3 月）和晚春（4 月）三期。配种期分别为 8—9 月、10 月和 11 月。妊娠期平均 150 d。经产母羊的产羔率在 130%左右。

④利用效果。新疆细毛羊曾被推广到全国 20 多个省份，表现出较好的适应性，并作为主要父系之一，参加了青海细毛羊、甘肃高山细毛羊、鄂尔多斯细毛羊、内蒙古细毛羊、青海高原半细毛羊、彭波半细毛羊等国内细毛羊和半细毛羊品种的培育。

（2）中国美利奴羊。

①产地。中国美利奴羊产于新疆的巩乃斯种羊场，紫泥泉种羊场，内蒙古嘎达苏种畜场以及吉林查干花种畜场。是我国目前最为优良的细毛羊品种。

②外貌特征。中国美利奴羊体质结实，体躯呈长方形（图 4-5）。公羊有螺旋形角，少数无角，颈部有 1～2 个横皱褶或发达的纵皱褶；母羊无角，颈部有发达的纵皱褶。公、母羊躯体部无明显褶皱。头毛密长，着生至眼线，鬐甲宽平，胸宽深，背平直，尻宽平，后躯丰满，肢势端正。被毛呈毛丛结构，闭合良好，密度大，有明显的大、中弯曲。油汗含量适中，呈白色或乳白色。头毛密而长，着生至两眼连线。各部位毛丛长度和细度均匀，前肢着生至腕关节，后肢至飞节，腹毛着生良好。

③生产性能。中国美利奴羊成年公、母羊剪毛后平均体重分别为 91.8 kg 和 43.1 kg。成年公、母羊平均剪毛量分别为 17.7 kg 和 7.56 kg；羊毛平均长度分别为 12.0 cm 和 10.2 cm；净毛率分别为 54.83%和 53.34%。羊毛细度为 64～70 支，以 66 支为主。

成年羯羊屠宰前平均体重为 51.9 kg，胴体重平均为 22.9 kg，净肉重为 18.0 kg，屠宰率为 44.20%，净肉率为 34.76%。经产母羊产羔率在 120%以上。

图 4-5　中国美利奴羊

④利用效果。近年来，中国美利奴羊公羊与各地细毛羊母羊杂交，对体型、毛长、净毛率、净毛量、羊毛弯曲、油汗等各项指标的提高和改进均有显著效果，平均可提高毛长 1.0 cm、净毛量 300～500 g、净毛率 5%～7%，大弯曲和白油汗比例在 80%以上，羊毛品质显著改善。表明其遗传性能较稳定，对提高我国现有细毛羊的毛被品质和羊毛产量具有重要的影响，极大地提高了经济效益。

(3) 东北细毛羊。

①产地。产于东北三省（黑龙江、辽宁、吉林），是我国育成的第二个细毛羊品种。

②外貌特征。东北细毛羊体质结实，体格大，结构匀称（图 4-6)。公羊有螺旋形角，颈部有1～2个完全或不完全的横皱褶；母羊无角，颈部有发达的纵皱褶。体躯长而无皱，皮肤松弛，胸宽深，背平直，体躯长，后躯丰满，肢势端正。全身被毛白色，闭合良好，密度中等以上。1岁羊体侧部毛长 7 cm 以上（种公羊 8 cm 以上)，细度 60～64 支。弯曲明显、均匀，油汗含量适中，分布均匀。净毛率 37%以上。细毛着生至两眼连线，前肢至腕关节，后肢达飞节，腹毛着生良好，呈毛丛结构，无环状弯曲。

③生产性能。成年公羊平均体重 83.7 kg，平均剪毛量 13.4 kg，平均毛长 9.33 cm；成年母羊平均体重 45.4 kg，平均剪毛量 6.10 kg，平均毛长 7.40 cm。净毛率为 35%～40%。成年公羊屠宰率 43.6%，净肉率为 34%；成年母羊（不带羔）分别为 52.4%和 40.8%。经产母羊产羔率 125%。

图 4-6　东北细毛羊

④利用效果。东北细毛羊具有耐粗饲、适应性强、体格大、生长发育快、改良当地绵羊效果显著等特点，已被推广到北方各地，为我国毛纺工业提供了大量的优质呢绒原料。建平县作为细毛羊育种协作区，近年引入澳洲美利奴公羊血液，不断改善和提高东北细毛羊的羊毛品质和净毛率。现全县存栏东北细毛羊 20 万只。

(4) 内蒙古细毛羊。

①产地。内蒙古细毛羊产于内蒙古自治区锡林郭勒盟。

②外貌特征。内蒙古细毛羊体质结实，结构匀称（图 4-7)。公羊大部分有螺旋形角，颈部有1～2个完全或不完全的横皱褶；母羊无角或有小角，颈部有发达的纵皱褶。头大小适中，背腰平直，胸宽深，体躯长。细毛着生于头部至眼线，前肢至腕关节，后肢至飞节。被毛纯白，闭合良好。油汗呈白色或淡黄色，油汗高度占毛长的1/2以上。弯曲正常，被毛密度中等。

③生产性能。成年公羊平均体重为 91.4 kg，平均剪毛量 11.0 kg，毛长 10.31～12.9 cm；细度为 60～64 支，以 64 支为主；成年母羊平均体重 45.9 kg，平均剪毛量 5.5 kg，毛长 9.25～12.25 cm。净毛率 36%～45%。经产母羊产羔率 110%～123%。

④利用效果。内蒙古细毛羊是内蒙古自治区培育的第一个毛肉兼用细毛羊品种。在终年大群放牧、冬春补饲条件下，具有良好的适应性和生产性能。耐粗饲，抗寒耐热、抗灾、抗病能力强。冬季刨雪采食牧草，夏季抓膘复壮快。产肉性能高，羊毛品质好，遗传性能稳

图 4-7 内蒙古细毛羊

定。多年来，已被推广到山东、河南、江苏、河北、山西、陕西、安徽、云南和黑龙江等省。20 世纪 80 年代导入澳洲美利奴羊和中国美利奴羊血液，生产性能明显提高。内蒙古细毛羊于 1989 年收录于《中国羊品种志》。1995 年，内蒙古细毛羊达到 100 多万只，后来随着草场的退化及羊毛价格的下降，市场重肉轻毛，内蒙古细毛羊由毛肉型向肉毛型方向发展，数量明显下降。

（5）甘肃高山细毛羊。

①产地。甘肃高山细毛羊原产于甘肃省皇城绵羊育种试验场和天祝羊场。

②外貌特征。甘肃高山细毛羊体格中等，体质结实，结构匀称，体躯长，胸宽深，后躯丰满（图 4-8）。公羊有螺旋形大角，颈部有 1～2 个横皱褶；母羊无角或有小角，颈部有发达的纵皱褶。被毛闭合良好，密度中等。头毛着生至两眼眼线，前肢至腕关节，后肢至飞节。

③生产性能。甘肃高山细毛羊成年公、母羊剪毛后平均体重分别为 80.0 kg 和 42.9 kg，平均剪毛量分别为 8.5 kg 和 4.4 kg，毛丛平均长度分别为 8.2 cm 和 7.4 cm。油汗多白色和乳白色，黄色较少。羊毛细度为 60～64 支，以 64 支为主，净毛率为 43%～45%。经产母羊的产羔率为 110%。本品种羊产肉和沉积脂肪能力良好，肉质鲜嫩，膻味较轻。在终年放牧条件下，成年羯羊宰前活重 57.6 kg，胴体重 25.9 kg，屠宰率为 45.0%以上。

④利用效果。甘肃高山细毛羊被引入甘肃及邻近省份与当地绵羊、细毛杂种羊杂交，效果良好。甘肃高山细毛羊被 4 次引入澳洲美利奴羊、新西兰美利奴羊和中国美利奴羊的基

图 4-8 甘肃高山细毛羊

因，甘肃高山细毛羊的羊毛品质因此得到了显著的改善和提高。

2. 半细毛羊品种

（1）东北半细毛羊。

①产地。产于辽宁省桓仁满族自治县种畜场和黑龙江省的佳木斯桦南种畜场、林口县种羊场。

②外貌特征。公、母羊均无角，头大小适中，背腰平直，肋骨开张良好，四肢较短。羊毛覆盖至两眼连线，前肢至腕关节，后肢至飞节。

③生产性能。成年公羊平均体重为 62.0 kg，平均剪毛量 6.0 kg，毛长在 9 cm 以上的占 84.3%，细度 56～58 支的占 92%；成年母羊平均体重 44.0 kg，平均剪毛量 4.0 kg，毛长在 9 cm 以上的占 53%，细度 56～58 支的占 85%。

④利用效果。东北半细毛羊的育种工作是从 1963 年开始的，我国于 1981 年育成了黑龙江省东北半细毛羊品种群。东北半细毛羊数量达 5.0 万只，具有东北半细毛羊类型的绵羊数量达 42.0 万只。

（2）青海高原毛肉兼用半细毛羊。

①产地。青海高原毛肉兼用半细毛羊简称青海半细毛羊，产于青海省的英德尔种羊场、河卡种羊场、海晏县、乌兰县巴音乡、都兰县巴隆乡和格尔木市乌图美仁乡等地。

②外貌特征。罗茨新藏型公、母羊均无角，羊头稍宽短，体躯粗深，四肢稍短，蹄壳多为黑色或黑白相间（图 4-9）；茨新藏型体型外貌近似茨盖羊，公羊大多有螺旋形角，母羊无角或有小角。体躯较长，四肢较高，蹄壳多为白色或黑白相间。

③生产性能。青海半细毛羊成年公羊秋季平均体重 76 kg，平均剪毛量 6.0 kg，毛长 11.7 cm 以上，细度 50～56 支；成年母羊秋季平均体重 38 kg，平均剪毛量 3.0 kg，毛长 10.5 cm 以上，细度 50～58 支。被毛白色、同质、密度中等、呈大弯曲，油汗白色或浅黄色，羊毛强度好，具有纤维长、弹性、光泽好、含杂草少、洗净率高等特点。成年羯羊屠宰率 48.7%。

图 4-9　青海半细毛羊（罗茨新藏型）

④利用效果。在青海，由于实行家庭承包经营，半细羊毛市场价格不断降低，很多农牧民和养殖单位饲养青海半细毛羊的积极性锐减，遂使半细毛羊数量急剧下降，致使整个品种处于濒危状态。

（3）云南半细毛羊。

①产地。云南半细毛羊中心产区为云南省昭通市的永善县和巧家县。

②外貌特征。云南半细毛羊公、母均无角，体质结实，头大小适中，羊毛覆盖至两眼连线，颈短而粗，鼻镜和蹄部黑色。背腰平直，胸宽深，尻宽而平，后躯丰满。四肢粗壮，腿毛过飞节，腹毛好。体躯呈圆筒形，肉用体型明显。被毛白色，毛丛结构良好，弯曲一致，油汗覆盖良好。

③生产性能。云南半细毛羊成年公羊剪毛后平均体重 65 kg，平均剪毛量 6.55 kg；成年母羊剪毛后平均体重 47 kg，平均剪毛量 4.84 kg。毛丛长度为 14～16 cm，羊毛细度为 48～50 支。工业鉴定认为云南半细毛羊的羊毛细度均匀，长度整齐；成品纱支均匀、手感好，强力、弹性、光泽均超过进口羊毛。云南半细毛羊母羊集中在春秋两个季节发情，母羊一般一年产一胎，产羔率为 106%～118%。云南半细毛羊的肉用性能良好，10 月龄羯羊体重达 42.2 kg，屠宰率 55.8%，净肉率 41.2%。

④利用效果。云南半细毛羊具有肉用体型，适于海拔 3 000 m 左右地区湿润气候，常年放牧饲养，羊毛品质优良，具有高强力、高弹性、全光泽（丝光）毛特点。主产区每年半细毛产量为 260 t 左右，大部分销往昆明、四川和重庆等地。由于产品质量好，深受广大消费者喜爱，在市场上走势较好。目前，该品种主要在云南、贵州和四川推广，在这些地区均表现出较好的适应性和生产性能。

3. 粗毛羊

（1）蒙古羊。

①产地。蒙古羊是我国数量较多、分布最广的绵羊品种，为我国三大粗毛羊品种之一，原产于蒙古高原，属短脂尾羊。

②外貌特征。由于蒙古羊分布地区广，各地的自然条件差异大，其体型外貌有很大差别，基本特点是：公羊有螺旋形角，母羊无角或有小角（图 4-10）。体质结实，骨骼健壮，头中等大小，鼻梁隆起。颈长短适中，胸深，肋骨不够开张，背腰平直，四肢细长而强健，善于游牧。耳大下垂。短脂尾，呈椭圆形，尾中有纵沟，尾尖细小呈 S 状弯曲。体躯被毛白色，头、颈、四肢部黑褐色的个体居多。被毛异质，有髓毛多。

③生产性能。分布在内蒙古中部地区的成年蒙古羊平均体重，公羊为 69.7 kg，母羊为 54.2 kg；西部地区的公羊为 47.0 kg，母羊为 32.0 kg。分布在甘肃河西地区的成年蒙古羊平均体重，公羊为 47.4 kg，母羊为 36.5 kg；陇东地区公羊为 29.4 kg，母羊为 23.2 kg。蒙古

图 4-10　蒙古羊

羊的毛被属异质毛，主要为白色，也可见到花色者。一般一年剪毛 2 次，剪毛量成年公羊为 1.5～2.2 kg，成年母羊为 1～1.8 kg。春毛毛丛长度为 6.5～7.5 cm，羊毛具有较大的绝对强度和伸度。产肉性能较好，质量高。成年羊满膘时屠宰率可达 47%～52%。5～7 月龄羔羊胴体重可达 13～18 kg，屠宰率 40.0%以上。母羊一般年产一胎，一胎一羔，产双羔者比例为 3%～5%。

④利用效果。作为母本品种，曾参与新疆细毛羊、内蒙古细毛羊和东北细毛羊等品种的育成。

(2) 西藏羊。

①产地。原称“藏羊”或“藏系羊”，为我国三大粗毛羊品种之一。西藏羊产于青藏高原的西藏和青海。

由于西藏羊分布地域广，各地地形、海拔高度、水热条件差异大，在长期的自然和人工选择下，西藏羊的体型、体格和被毛也不尽相同，按其所处地域可分为牧区的草地型和农区的山谷型。

②外貌特征。草地型西藏羊体质结实，体格高大，四肢较长。公羊和大部分母羊均有角，角长而扁平，呈螺旋形向上、向外伸展，头小，呈三角形（图 4-11）。鼻梁隆起，头和四肢多为黑色或褐色，被毛白色、修长而有波浪形弯曲。尾瘦小，呈圆锥形。体躯被毛以白色为主，被毛异质，毛纤维长，两型毛含量高，光泽和弹性好，强度大，两型毛和有髓毛较粗，绒毛比例适中。因此，由它织成的产品有良好的回弹力和耐磨性，是织造地毯、提花毛毯等的上等原料。这一类型西藏羊所产羊毛即为著名的西宁毛。

山谷型西藏羊体格较小，结构紧凑，体躯呈圆筒形，颈稍长，背腰平直。头呈三角形，公羊多有角，短小，向后上方弯曲；母羊多无角。四肢矫健有力，善于登山远牧。被毛主要有白色、黑色和花色，多呈毛丛结构。

③生产性能。草地型西藏羊成年公、母羊平均体重分别为 51.0 kg 和 43.6 kg，剪毛量分别为 1.4～1.72 kg 和 0.84～1.20 kg，净毛率 70%左右。母羊一般年产一胎，一胎一羔，产双羔者很少。屠宰率为 43%～47.5%。藏羊的小羔皮、二毛皮和大毛皮为制裘的良好原料。

山谷型西藏羊成年公、母羊平均体重分别为40.6 kg 和 31.7 kg。剪毛量一般为 0.8～1.5 kg。屠宰率约为 46%。

图 4-11　西藏羊

④利用效果。西藏羊作为母系品种，曾参与了青海细毛羊、青海高原半细毛羊、凉山半细毛羊、云南半细毛羊和彭波半细毛羊等品种的育成。2006 年在西藏阿旺地区，阿旺绵羊资源保种场建立，已应用现代分子遗传测定方法开展选种选育工作。

今后，在利用上，应以本品种选育为主，有计划地开展选种选配工作，避免近交。同时，在可能的条件下，积极改善饲养管理条件，不断提高羊体重、改善羊肉和羊毛品质。确保西宁毛在国内外地毯毛品牌原料中的超强地位。

（3）哈萨克羊。

①产地。哈萨克羊为中国三大粗毛羊品种之一，肉脂兼用，产于新疆天山北麓、阿尔泰山南麓和塔城等地。

②外貌特征。哈萨克羊体格结实，公羊多数有螺旋形大角，母羊多数无角，鼻梁隆起，背平宽，躯干较深，后躯发达，尻高高于体高，尾宽大，外附短毛，内面光滑无毛，呈方圆形，多数在正中下缘处有一浅纵沟对半分为两瓣。四肢高而结实，骨骼粗壮（图 4-12）。哈萨克羊的毛被属异质毛，呈棕褐色，纯白或纯黑的个体很少，除头、四肢、腹部被毛颜色终生不变外，体躯毛色随年龄增长而变浅。脂肪沉积于尾根而形成肥大的椭圆形脂臀，称为“肥臀羊”。

③生产性能。成年公、母羊平均体重分别为 60.3 kg 和 44.9 kg，平均剪毛量分别为 2.03 kg 和 1.88 kg，净毛率分别为 57.8% 和 68.9%。哈萨克羊肌肉发达，后躯发育好，屠宰率为 45.5%。母羊一般年产一胎，一胎一羔，平均产羔率为 101.95%。产毛量很低，毛被中干死毛含量约占 12%。

图 4-12　哈萨克羊

④利用效果。哈萨克羊作为母系品种，曾参与新疆细毛羊、军垦细毛羊等品种的育成。鉴于哈萨克羊是新疆主要羊系之一，并具有独特的优良特性，为了保存该品种优良基因，今后必须定点保种，做好哈萨克羊的本品种选育提高工作。

（4）和田羊。

①产地。和田羊俗称洛浦大尾羊，属地毯毛型绵羊，分农区型和山区型两种。和田羊是短脂尾粗毛羊，产于新疆和田市。

②外貌特征。和田羊头部清秀，额平，脸狭长，鼻梁隆起，耳大下垂。公羊大多有螺旋形大角，母羊大多无角。胸深而窄，肋骨不够开张。体格较小，体躯窄，四肢细长，蹄质结

实（图 4-13）。和田羊的尾，策勒河以东的大多属短瘦尾，尾基部呈三角形，基部宽大向下收缩，下端为下垂稍长的瘦细尾尖；策勒河以西的尾基部宽大肥厚，下端钝圆呈圆盘状，尾尖小或无尾尖。毛色杂，羊毛是制造地毯的优质原料。

③生产性能。和田羊成年公羊平均体重 39.0 kg，平均剪毛量 1.62 kg；成年母羊平均体重 33.8 kg，平均剪毛量 1.22 kg。被毛较密，毛股柔软、绒毛较多，毛辫长 18 cm。春毛中纤维类型的重量比例：无髓毛占 53.3%，两型毛占 35.5%，有髓毛占 6.5 %，干死毛占 4.7%。春毛中羊毛纤维直径：无髓毛为 22 μm，两型毛为 42 μm，有髓毛为 58.4 μm。屠宰率 37.2%～42.0%。母羊产羔率 102%。

图 4-13　和田羊

④利用效果。和田羊对荒漠、半荒漠草原的生态环境及低营养水平的饲养条件具有较强的适应能力，但存在体格较小以及产毛量、产肉率和繁殖率低等缺点。和田羊被毛中两型毛含量多，纤维细长而均匀，光泽和白度好，弹性强，是生产地毯和提花毯的优质原料。今后应以本品种选育为主，调整羊群结构，调整种羊场和牧业生产的布局，加强和田羊的繁育体系和技术推广系统建设，完善现有品种标准和鉴定分级标准。同时，积极而慎重地继续进行与引进的同质半粗毛其他品种的杂交试验。

任务二　毛用羊的饲养管理

任务导入

小李即将毕业，到一个羊场实习时，对羊的习性及饲养管理方法还局限在理论知识方面。对于小李而言，最重要的就是和该羊场技术员一起做好羊的饲喂、管理，如从羊的分群、不同生理阶段羊饲喂方式、饲料配方以及繁殖和管理，再到羊的保定、断尾、剪毛、药浴、去势、修蹄等一般管理技术，并能够进行羊毛品质的鉴定，从而为将来就（创）业做好准备。

一、毛用羊的饲养

（一）天然草地放牧知识

放牧饲养是牧区畜牧业中最基本的方式之一。其目的是充分利用天然草地资源优势，生产质优价廉的畜产品。但是由于牧区天然草地季节的差异性明显，在放牧中应因地、因时制宜，正确利用天然草地放牧的特点。

1. 因时因地合理使用放牧技术

（1）放牧队形（手法）。放牧队形（手法）包括“一条龙”“一条鞭”“满天星”等。要根据地势、牧草生长状况、放牧季节和羊群饥饱状况而变换放牧队形。一般情况下在冬春季节多采用“一条鞭”式，防止乱跑，夏秋季节多采用“满天星”和“一条龙”式，有利于抓膘。不论采用哪种放牧队形，都必须跟群放牧，保证羊群缓慢移动，充分采食牧草。

（2）选择放牧地段。既要合理地、充分地利用草场，又要保证羊的抓膘、保膘，这就应充分考虑放牧地段的选择和利用时间、顺序。一般冬春季节放牧应选择在距羊舍较近、气候温和的地带，或牧草丰富、避风向阳的山前谷地，并掌握先阴后阳、先高后低、先远后近的原则；夏秋季节则采用压茬放牧，先熟坡后生坡和“背阳放牧、顶风吃草”，由近到远、由远到近的方法。

（3）坚持早出牧晚归牧的放牧原则。早出晚归是延长放牧、采食时间，促进羊抓膘、保膘的主要措施之一。但是在严寒的冬季对妊娠母羊适当推迟出牧时间有利于保膘、保胎。

2. 合理利用地域性　天然草地地域辽阔、地势复杂、牧草种类繁多。

（1）冬春草场。大多地势较低而平坦，利用时间长，干旱缺水较严重，且正处于严酷的冬季。保温、保膘、保胎是此期的主要目标。一是要加强对棚舍的改造；二是在驱赶中应禁止快速驱赶；三是加大冬春草场水利建设；四是合理分群，对乏弱病残羊单独组群，并尽可能做到公母分群管理；五是适当补草补料，防止卧冰露宿。

（2）夏秋草场。大多地势较高，水草茂盛，路途较远，地形复杂，气候多变。夏秋季节是抓膘出栏的好时机。此时畜群较大，最好做到分群放牧，羯羊在较远或较陡的地带放牧，母、幼羊在较近、较平的地段放牧。这段时期的放牧：一是要注意气候变化，避免暴风雨、雷电及冰雹灾害；二是坚持人不离群，防止狼、虫侵害羊群；三是坚持早出晚归，中午炎热时防暑。

3. 常用的几种放牧方法

（1）地段轮牧法。在一群羊的放牧地域，放牧员将草地划分成若干块。放牧步骤是：第一天放第一块，留下其他几块；第二天出牧后先放第一块，到收牧前让羊群进入第二块，轻度采食第二块的部分鲜草，如此循环轮牧。

（2）流动放牧法。即充分利用边远零星草地。有些边远草地因路途较远或积雪覆盖，冬季不便利用，在春季雪消时，放牧员携带轻便行李帐篷，逐日渐进，十几天乃至月余不回营地。将羊群赶到这些地方放牧，既解决了冬春草场不足的问题，又充分利用了这些草原。

（3）赶青法。在旱年春夏交接时期，山上冷，山下旱，山腰牧草生长早而发育好的情况下，赶羊群到山腰放牧，既减轻冬春草场压力，又能使羊早日吃到青草。

（二）细毛羊舍饲养殖技术

1. 饲料贮备　舍饲养羊要备足饲草料，每只羊每年需要干青草或秸秆 500～700 kg，精饲料 60～100 kg。

2. 饲喂方法　养羊以粗饲料为主，适当补饲精饲料，采取先粗后精的饲喂方法。饲喂要定时定量，每天喂 2～3 次，饲草要放入饲槽中，不可乱撒在圈舍内，以免造成浪费，饮水 1～2 次，要保持饲料品种和饲喂方法的相对稳定，更换饲料品种时应由少量逐渐到定量。

（1）种公羊在非配种期每天喂干草 1.5～2.5 kg，青贮饲料或多汁饲料 1～1.5 kg。混合饲料 0.5～0.7 kg，骨粉 10 g，食盐 10～15 g。从配种前 1～1.5 个月开始到配种结束，每天喂混合精料 1.00～1.55 kg，骨粉 10 g，食盐 10～15 g，青绿饲料 0.5 kg，鸡蛋 2 枚。

（2）妊娠母羊在妊娠前期每天补喂混合精料 0.15 kg，妊娠后期每天补喂混合精料 0.3 kg。

（3）产羔母羊每天喂干草或秸秆 1～1.5 kg，混合精料 0.2～0.3 kg，适当补喂一些多汁饲料，如胡萝卜。

（4）羔羊出生后 15 d 开始训练其采食柔软、易消化的草料，并适当补喂一些多汁饲料，产后 4 个月断乳，也可以提前断乳。

3. 注意事项 青贮饲料具有酸味，刚开始饲喂羊时羊不习惯，可先空腹喂少量青贮饲料，再喂其他饲料，开始时少喂，逐渐增量，或将青贮饲料与其他饲料拌在一起饲喂。青贮饲料含有大量有机酸，具有轻泻作用，要与优质干草混合饲喂。饲喂盐化秸秆的羊不需再喂盐。

（三）暖棚养羊技术

1. 保证棚舍的封闭性 塑膜与墙和前坡的接触处要用泥封严。要将塑膜绷紧，并固定牢固，防止被风刮起。下雪时，应及时清除塑膜表面的积雪。

2. 适时通风换气 棚舍内中午温度最高，并且内外温差较大，因此应在中午前后进行通风换气，这样既有利于通风换气，又不至于使舍内温度降至过低。

3. 扣棚与揭棚 利用暖棚的时间一般为每年的10月底、11 月初到翌年的 3 月。刚扣棚时，由于气温不太低，打开通风换气口的时间应相对长一些。到 3 月，随着气温的逐渐上升，应逐渐增大揭棚面积，不要一次性将塑膜全部揭开。

二、毛用羊的管理

（一）毛用羊的饲养管理技术

1. 种公羊的饲养管理技术 种公羊常年保持中上等膘情、健壮、活泼、精力充沛、性欲旺盛，这是搞好配种工作的基本要求。要达到这个目的，就必须在放牧管理的基础上抓好种公羊的补饲。

（1）补喂草料要求。一是饲草料力求多种多样；二是注意补充适量的矿物质（食盐等）和多汁草料（胡萝卜等）；三是放牧和运动相结合，既要保证较好的营养供给，又要防止过于肥胖影响配种。

（2）补草标准。除正常放牧外，种公羊还应补喂草料。

（3）注意保持饮水充足和清洁。

（4）有专人管理。圈舍宜宽敞明亮，保持清洁、干燥，定期消毒，并按时做好种公羊的防疫注射和驱虫药浴工作。

2. 冬春季节妊娠母羊的饲养管理技术 妊娠母羊饲养管理的要求概括地讲：一是“稳”；二是“补”。其目的就是保胎保膘，提高繁活率。

“稳”即妊娠母羊出入圈舍要缓慢，为防止挤压造成流产，放牧员要始终站立在圈舍门内外适当阻拦。驱赶要缓慢，放牧时要选择平坦向阳地带。

“补”就是加强补草补料，保证妊娠母羊的营养需要。

（1）空怀期的饲养管理。空怀期母羊的饲养目标是抓膘复壮，为日后的发情和妊娠贮备营养。尤其是配种前1～1.5个月，对个别膘情差的羊应及时查明原因，适时补草补料，促进母羊体质恢复，努力做到“满膘”配种。

（2）妊娠前期的饲养管理。母羊妊娠时间大多为12月至翌年4月下旬。因此妊娠前期正处于寒冷时节，此期从胎儿的发育来看体重增加不大，主要是器官组织的分化形成，所以对营养物质的要求不高，只要注意适当增加蛋白质含量较高的饲料就可以满足胎儿的发育，但由于外界气温低，母羊自身的体温消耗大，所以相应地又需要增加补草补料量，一般每只母羊每天补喂0.5～1.5 kg草、0.1～0.3 kg料。

（3）妊娠后期的饲养管理。在妊娠后期的2个月中，胎儿生长发育迅速，60%～70%的初生重在此期形成，对营养物质的需求较大，因此要适当增加补草补料量。一般每只母羊每天补喂草0.5～1.5 kg、料0.25～0.45 kg。至产前1周，减少精料补喂量。

3. 细毛羔羊的饲养管理技术

（1）确保羔羊出生后及时吃上初乳。一般要求在出生后30 min以内让羔羊吃到初乳。

（2）出生羔羊体质较弱者，应放在产室内，产室温度要保持在10℃左右。

（3）缺乳羔羊的护理。一是为其找保姆羊（乳多母羊）；二是采用多种乳品人工哺乳，人工哺乳应定时、定量、定温。

（4）早期补饲。羔羊应及早喂给草料，促进消化器官的发育。羔羊出生后15～20 d即开始训练其采食优质草料，如苜蓿、毛苕子和豆科料。待羔羊会采食精料以后再定时、定量喂给。1～2月龄补喂精料150 g，每天喂2次，3～4月龄每天喂2～3次，补精料200 g。干草以苜蓿干草、青干草为好。甜菜喂量不能过多，每天不超过50 g，否则会引起羔羊腹泻。羔羊舍内要有饮水槽，经常洗刷干净，勤换水。经常喂给食盐。

（5）运动。出生1周后，在晴天无风时，让羔羊在运动场上活动，只要羔羊吃饱乳，一般不会受冻。20日龄以后，可以在天气暖和时放牧，放牧的时间和距离可逐渐增加。选择背风向阳的矮草地放牧。羔羊生长迅速，常由于缺乏矿物质而啃土、吃羊毛等，如不制止，会发生胃肠病和胃中毛团堵塞而死亡。在这种情况下应采取以下措施：①在饲料中增加矿物质饲料；②在羔羊圈内放石粉和盐任其舔食；③有吃毛习惯的羔羊要母子分开，定时哺乳；④加强放牧。

（6）管理。羔羊出生以后，母羊在母子栏内停留2～3 d，即在近处放牧，哺乳时母羊回圈，哺乳次数随羔羊年龄增长逐渐减少，晚上母羊和羔羊在一起。1月龄左右羔羊单独组群放牧，也可母子合群放牧。

（7）争取早期断乳。羔羊出生后80～100 d（体重达15～18 kg）即可断乳。早期断乳一方面可使母羊尽早恢复体况，早发情，早配种；另一方面又可锻炼羔羊独立生活能力。断乳时应注意：①断乳后要加强饲养，断乳后15～30 d要增加精料，多次喂给；②断乳时要根据体重分批进行，断乳的羔羊和母羊要一次性分开，4～5 d后羔羊可安心采食；③断乳的羔羊要按公、母单独组群；④有些母羊泌乳量多，在断乳后要注意挤乳，防止发生乳腺炎。

4. 育成羊的饲养管理　羔羊断乳以后到翌年配种以前称为育成羊。育成羊虽然没有产羔、配种，但是它们年龄尚小，又要度过第一个冬季，饲养管理关系到羊今后的发育，所以应该重视。产冬羔的地区，羔羊断乳以后正值春季，羔羊可以采食青草，体重仍不断增加。

如果是春羔，羔羊断乳以后很快进入冬季，牧草枯黄，气候寒冷，如不及时补草料则羔羊的发育将会受到很大影响。

5. 毛用羊的补饲 饲草料营养水平对绵羊健康、生长发育、体型外貌、体格大小、繁殖机能、生产水平及产品质量等都有直接影响。实践表明，只有营养物质满足羊体需要，羊体有健壮的体质才能有较高的生产性能和生产出优良的产品。

(1) 营养水平对羊健康的影响。营养良好时，其生理生化过程正常，对寒冷、疫病和外界不利条件的抵抗力增强，有利于保持健康。营养不良时，全身生理状况恶化，患病率、病死率明显增加。

(2) 营养水平对羊生长发育的影响。营养良好时，羊从胎儿期就能正常发育，表现出体格大、胸深而宽、四肢健壮、肌肉丰满、皮肤有弹性。第一个越冬期营养良好时1岁体重就能达到成年体重的75%左右。相反，则生长发育迟缓，体格瘦小，皮肤面积减少且弹性降低，1岁时体重小。

(3) 营养水平对产毛量和羊毛品质的影响。营养水平不足时，羊毛生长缓慢或停止生长，其产毛量低。同时会影响到羊毛纤维的质量，特别是冬春季节无补饲的羊，羊毛会形成明显的“饥饿痕”即“弱节毛”，羊毛表现为纤维均匀度差，较细短、弯曲少、强度低、脆弱易断。

因此营养水平是决定细毛羊生产性能的重要因素，特别是母羊的营养水平直接关系到后代及整个羊群的生产性能。因此有计划地适时予以补草补料、扩大补饲面、延长补饲期是充分发挥优质细毛羊品种潜在能力，提高细毛羊生产效益的重要措施。

(二) 毛用羊的一般管理

1. 基本操作

(1) 抓羊。抓羊时不要惊动羊群，要把羊群集中在墙角，趁羊拥挤时迅速抓住，抓羊时用大拇指和食指、中指抓住羊的后胁部，腹后部的皮肤松软，用手可抓住。抓后腿时一定要在飞节以上，以防关节扭伤，有角的羊可以抓角，禁止抓背上的羊毛。也可用一根长1.5～2.0 m、一端带有钩子的木棍，由羊的后侧钩住后腿并高举，迅速抓住飞节以上部位。

(2) 导羊。导羊是引导羊往前走，人站在羊的左侧，左手托住羊颈下部，右手轻轻骚动尾根，羊即可自动前进。

(3) 抱羊。羔羊戴耳标、人工哺乳、断尾等操作均需抱住羊，抱羔羊时先用左手由两前腿间伸进托住羔羊的胸部及外肋部，右手抓住右侧后腿飞节，把羔羊抱起时再用胳膊由后外侧把羔羊搂紧，这种方法既省力，又可使羊不乱动。

(4) 保定羊。有许多操作需要先把羊保定好才能进行。保定羊时，可以用两腿夹住羊的颈部，也可以站在羊的左侧，左手托住羊下颌，使羊头稍向外扭转，右手把羊的臀部紧靠保定者的腿部。

(5) 倒羊。是把羊放倒横卧在地。倒羊时，人站在羊的左侧，右手由羊臀部右侧伸向羊的左侧，把左后肢提起，羊的背部顺着人的两腿滑下，腹部向外，背靠着人。

(6) 开启口腔。需要根据牙齿脱落情况判断年龄时，必须打开口腔，方法是人的两腿夹住羊的颈部，人和羊同一方向。左手扶住羊头，右手的拇指从羊口腔的门齿和臼齿间隙中伸入，其他四指托住下颌，左手把羊的下唇稍向下移，即可看到牙齿。

2. 断尾 细毛羊和半细毛羊都是瘦长尾，尾巴的摆动会使粪尿污染臀部的羊毛，特别是春季排稀粪时可造成大面积黄残羊毛。剪毛时，需花很多时间剪尾部的羊毛，因此必须断尾。断尾工作在羔羊出生后 7 d 左右进行。断尾的方法有烧烙法和结扎法。最安全的方法是结扎法，将断尾橡皮圈套在距离尾根 4～5 cm 处（图 4-14），阻止血液循环，经 10～15 d 以后尾巴萎缩而脱落，这种方法操作简单，不易感染破伤风。在操作时应注意，在缠橡皮圈时，把尾部皮肤稍往尾根部拉，断尾后的尾根以能盖住肛门和阴门为准。

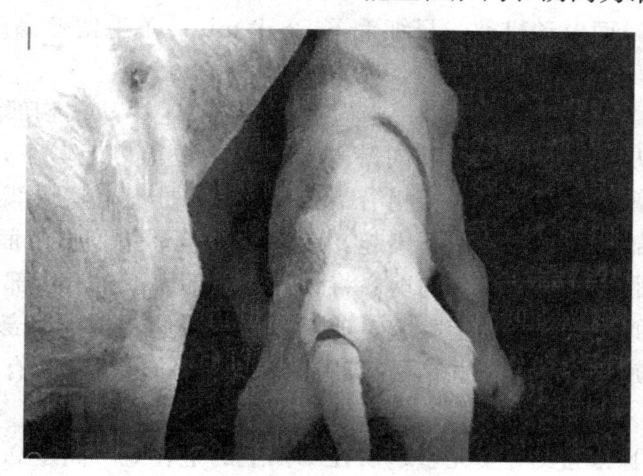

图 4-14　羔羊断尾

3. 剪毛　剪毛是绵羊的一项重要管理工作，细毛羊、半细毛羊和杂种羊一般只在每年春季剪一次毛，粗毛羊在每年春秋两季各剪毛一次。剪毛的具体时间应依据当地的气候条件而定，有些地区 5 月中旬剪毛，而有些地区则 6 月末、7 月初剪毛，秋季剪毛大多在 9 月进行。剪毛最好在气候稳定和羊体况健康时进行。

（1）剪毛前的准备工作。

①羊的准备。应按剪毛顺序准备羊。剪毛一般从价值低的羊开始，逐步熟练剪毛技术。同一品种羊应按羯羊、试情羊、育成羊和成年公、母羊的顺序剪毛。不同品种羊应按粗毛羊、杂种羊、半细毛羊和细毛羊的顺序剪毛，患皮肤病和外寄生虫病的羊要最后剪毛。剪毛前 12 h 应停止放牧、饮水和喂料，以免剪毛时粪便污染羊毛或翻转羊引起胃肠扭转。

羊的剪毛

②剪毛场地的准备。大型羊场设有专门剪毛车间。小型羊场和农户养羊剪毛场地应根据羊群大小和具体条件而定。剪毛场应选择在干净、避风、暖和的场地。

③剪毛用具的准备。剪毛用具包括剪毛剪或剪毛机、毛袋、秤、记录表、磨刀器、5%的碘酊等。

（2）手工剪毛。

①特点。手工剪毛速度慢、效率低、劳动强度大。

②剪毛方法。剪毛员将羊放倒保定之后，先从体侧开始剪，从后躯剪至腋窝，体侧毛剪完后，向下腹部及胸部剪去，再剪臂部及腿部毛，一侧剪完后，翻转羊剪另一侧羊毛，最后剪颈部和头部的被毛。手工剪毛，每人每日可剪 20～30 只。

③操作要求。剪毛时，剪刀或剪毛机要放平，所留毛茬低而齐，禁止剪二茬毛；剪毛时，一定按照顺序进行，争取剪出套毛。剪毛员应手巧心细、精神集中，遇到皮肤褶皱处展开再剪，若不慎剪伤时，立即涂 5%的碘酊进行消毒；剪下的羊毛应根据不同颜色和不同品

质进行分级、分开包装，不能随意混合；严禁将碎毛、疵点毛混入品质好的羊毛中而影响羊毛的等级和质量；剪毛后，羊处于饥饿状态，要控制羊采食量，防止过度采食引起羊消化不良；剪毛后1周左右防止羊受雨淋，注意保暖。

(3) 机械剪毛。

①特点。电动机械剪毛与手工剪毛相比其特点可归纳为：只均剪毛速度快，手工剪毛一只细毛羊15～25 min，而电动机剪一只细毛羊5～8 min；羊毛留茬高度较低，有利于提高产毛量。

②剪毛方法。羊臀部着地背对剪毛手半坐在地上，剪毛手从羊胸部沿腹部皮肤向后腿方向推，将腹毛剪下，从羊后腿前侧根部向蹄部剪，将后腿前侧毛剪下，再从蹄部向腿根部剪，将腿内侧毛全部剪下，从羊后腿外侧沿蹄向脊柱方向推剪，将腿部与尾部毛剪下。从肩部向头顶部方向将颈部、顶部羊毛剪下挑起，从肩部剪至耳朵上方及面侧部，剪净耳底部、角、肩胛骨部羊毛，沿下颌向剑突方向剪，将颈部毛全部剪下。沿背部到腹部依次从后向肩部剪，将体侧毛依次剪下并不断向上翻起，剪至前腿时沿腿根部向蹄部将前腿毛全部剪下，直到将整个套毛全部剪下。扶起羊并牵引其离开剪毛区。将剪下套毛有序地团成抱，并放入盛毛筐运离剪毛区。

③操作要求。剪下套毛要尽量完整；留在羊体上的毛茬短（高度0.5 cm以内）而均匀；剪毛期间应尽可能防止羊活动，搬动羊及剪毛时动作必须轻柔；推剪动作均匀流畅，尽可能贴近皮肤，并尽量减少重剪毛及剪伤羊；剪毛中遇有皱褶处应将皮肤拉展使其尽可能平滑；剪毛场地严禁人员随意走动、大声喧哗和打闹，以防羊受惊或伤人；剪三四只羊后应将剪头浸在碳酸氢钠溶液中清洗后继续剪，剪若干只羊后应更换或打磨刀片，剪毛手休息时应关闭剪毛机电源并取下剪头，以防伤人；羊受伤后应立刻用碘酒等处理伤口，伤口较大的还应及时缝合；使用过的润滑油不得随意倒弃，应集中处理，避免污染羊毛和周围环境；剪毛房内禁止吸烟。

4. 去势 不留作种用的公羔都应去势。去势后羊易肥育，羊毛品质好，便于管理。去势工作可在出生后1周左右进行，但不要和断尾同时进行。去势应在早上或上午进行，便于白天观察羔羊是否有流血现象。去势时应注意消毒，去势的方法：可将一侧阴囊切开，挤出睾丸，撕断精索，再从阴囊内切口取出另一侧的睾丸，撕断精索，伤口要涂碘酊，阴囊内撒消炎粉。手术后将羊放在有垫草的圈内，观察是否有出血现象。也可用结扎法，把睾丸挤在阴囊底部，用胶皮圈缠紧，约20 d阴囊和睾丸自行脱落。

5. 修蹄 修蹄是重要的保健工作，对舍饲的羊尤为重要。羊的蹄壳过长或变形会影响羊行走，影响公羊采精或配种时爬跨。应根据蹄壳生长情况，随时进行修蹄。

修蹄可在雨后进行，蹄壳较软容易操作。修蹄的工具有蹄刀、蹄剪。修蹄时，羊以坐姿保定，羊背靠操作人，先从左前肢开始，左手握蹄，右手持刀，先除去蹄底的污泥，再将蹄底削平，剪去过长的蹄壳，将羊蹄修成椭圆形。修蹄时要细心操作，动作准确、有力，要一层一层地往下削，不可一次削过深，一般削到看见淡红色的微血管便不可再削。修蹄时若不慎伤及蹄肉造成出血时，采取压迫止血或将烙铁烧热止血。

6. 编号 进行绵羊育种工作和检疫时，必须掌握羊的个体情况，为了便于管理，可以给羊编号或做上个体标记。编号工作应在羔羊生后3 d内进行，为了便于认识母羊和羔羊，可在母子身上编上相同的号作为临时编号。1个月左右改为正式编号，习惯的编号方法是根据母羊群的数量，采用5位或6位数。第一位数表示出生的年份，公羔编为单号，母羔编为双号，如2008年出生的第一只公羔是80 001，母羔为80 002。

编号的方法有很多，有耳标法、刺字法、耳缺口法、烙角法和尾根划印法等。绵羊和山羊常用的是耳标法、烙角法。

（1）耳标法。目前常用的是用塑料做成的各种不同颜色的耳标，用特制的笔可在塑料耳标上写上编号。然后用耳标钳在耳朵上无血管的部位，用碘酊消毒后，使其固定在耳朵上，全场应该统一戴在左耳或右耳。

（2）烙角法。常用于有角的绵羊或山羊。用特制的钢字模，烧热后烙在羊的角上，此法不易脱落，但是适用于年龄在1岁以后的羊，过早烙字，因羊角尚未完全角质化，角的外皮易脱落。

7. 药浴　药浴是防治绵、山羊疥癣、羊虱等体外寄生虫，促进羊毛生长，提高产毛量的重要措施。一旦羊群中发生疥癣，会很快蔓延，造成巨大损失。因此，定期进行药浴是绵、山羊饲养管理的重要环节。药浴可分为池浴、淋浴和喷雾三种方式。药浴池又有流动式和固定式两种，流动药浴又分为流动药浴车、帆布药浴池和小型浴槽等。羊只数量少，可采用流动药浴。

（1）药浴的时间。对有疥癣发生地区的羊，一年可进行两次药浴：一次是治疗性药浴，在春季剪毛后7～10 d进行，此时羊皮肤的伤口已基本愈合，毛茬较短，药浴容易浸透；另一次是预防性药浴，在夏末初秋进行。每次药浴最好间隔7 d重复一次。冬季对发病羊，可选择暖和天气进行擦浴。

（2）药浴药液的配制。目前我国常用的药浴药液有：蝇毒磷20%乳粉或16%乳油配制的水溶液，成年羊药液的浓度为0.05%～0.08%，羔羊为0.03%～0.04%；杀虫脒为0.1%～0.2%的水溶液；敌百虫为0.5%的水溶液等。

（3）药浴注意事项。

①药浴应选晴朗、暖和、无风天气，在上午进行，以便药浴后羊毛在中午能晒（晾）干。

②药浴前8 h停喂、停牧，药浴前2～3 h给予充足饮水，以防止其口渴而误饮药液水。

③药浴前，应先选用品质较差的羊3～5只试浴，如无中毒现象，才可按计划组织药浴。

④药浴温度一般应保持在30℃左右，先浴健康羊，后浴病羊，有外伤的羊暂不药浴。患有疥癣的羊在药浴后7 d再进行一次，结合局部治疗，使其尽快痊愈。

⑤为保持药浴效果，还要控制羊通过药浴池的速度，药浴持续时间治疗为2～3 min，预防为1.0 min，药液应浸透全身，尤其是头部，采用槽浴可用浴杈将羊头部压入药液内两次，但需注意羊不得呛水，以免引起中毒。

⑥药浴后在阴凉处休息1～2 h，即可放牧。但如遇风雨，则应及时赶回羊舍，以防感冒。

⑦药浴期间，工作人员应佩戴口罩和橡皮手套，以防中毒。药浴结束后，药液应妥善处理，不能任意倾倒，以防羊误食中毒。

⑧羊群若有护羊犬，也应一并药浴。

8. 驱虫　羊一般在每年春秋两季选用合适的驱虫药，按说明要求进行驱虫。驱虫后10 d内的粪便要统一收集进行无害化处理。

9. 免疫 通常进行羊快疫、羊猝狙、肠毒血症三联苗和炭疽、小反刍兽疫、口蹄疫等疫病的接种免疫。其他疾病应根据当地实际情况进行相应的预防接种。

三、羊毛品质测定

在羊毛的生产、流通和加工过程中，都需要进行羊毛品质分析的工作，羊毛品质测定是毛用羊生产性能高低的直接指标。在养羊业中进行羊毛品质分析的目的是提高羊的产毛性能和羊毛品质，为羊改良、培育新品种和羊饲养管理提供科学依据。在羊毛流通中，对其进行公正检验是为了保护羊毛质量，合理利用羊毛资源和公平交易。从毛纺工业角度来讲，研究羊毛品质是为了合理利用原料和提高产品质量。

(一) 羊毛分析样品的采集

1. 采样部位 绵羊个体毛样的采集一般从羊体5个部位（肩、侧、股、背、腹）采取，也可根据实验目的选择其中3个部分（肩、侧、股）或者1个部位（侧部）采样。各部位的具体位置如下所述：

（1）肩部。肩胛骨的中心点。

（2）体侧。肩胛骨后缘一掌处，体侧中线稍上方。

（3）股部。腰角与飞节连线的中点。

（4）背部。鬐甲与十字部的中心点。

（5）腹部。公羊在阴鞘前、母羊在乳房前一掌处的左侧。

2. 采样时间及数量 绵羊个体毛样的采集应于每年6月底剪毛前，采集生长12个月的羊毛。采集头数越多，分析结果的可靠性越大，但具体应视人力、物力和时间而定。一般情况下，种公羊和参加后代测验的幼龄公羊应全部采样。细毛和半细毛一级成年母羊及1.0～1.5岁育成母羊可按羊群中一级羊总数的5%～10%采样，亦可随机从上述羊群中抽选30头作为代表。同质毛杂种母羊应从每一等级羊群中随机取5%或20～30头作为采样羊。裘皮和羔皮羊的羊毛分析应根据不同目的，在不同等级群里按5%或随机抽选20～30头羊采样。

3. 不同分析内容的采样要求

（1）纤维类型分析用毛样。主要是鉴定杂种羊和粗毛羊羊毛品质。在采样前应先按代数或鉴定等级确定出采样羊。采样部位为肩部、体侧和股部。采样时，将每个部位被毛分开，随机取3～5个完整的毛辫或从根部剪取一定量的毛样，装入采样袋，加以标记。

（2）细度、长度、强伸度、含脂率等分析用毛样。一般取肩部、体侧和股部3个部位。每个部位取毛样15～30 g，分别包装，加以标记。

（3）净毛率测定用毛样。可分为以下3种情况：

①从羊体5个部位（肩、侧、股、背、腹）各取40 g（共200 g），组成一个混合毛样。每个部位采3次，组成3个混合毛样，分别装入采样袋中，加以标记。

②从肩部、体侧、股部各取200 g毛样，混合后，分为3个样品进行测定。

③从体侧部100 cm^2的面积上取样进行测定。

4. 分析用毛样的包装与保存 采到的毛样应按其自然状态包装好。每袋应注明采样地点（或单位）、品种、等级、性别、部位、样品编号、采样日期和采样人等。每只羊不同部位的毛样应按一定顺序放置。进行含脂率测定的毛样应用蜡纸或塑料袋包装，以防因油脂损失而影响测定结果。

毛样保存时应注意通风、干燥、防虫蛀。采集的毛样应在6个月之内进行测试，保存期过长会影响测试结果。

（二）羊毛纤维组织学构造的观察

观察羊毛纤维组织学构造是认识羊毛品质的基本方法。因为羊毛纤维的组织学结构是其工艺性能的基础。通过观察构成羊毛纤维的鳞片层、皮质层和髓质层的细胞形状、大小及排列状态，了解不同类型羊毛纤维在组织结构上的特点。然后在此基础上，全面比较不同类型毛纤维外部形状上的差别，以准确识别不同类型的羊毛纤维。

1. 毛样的洗涤　取毛样一束，将毛样用镊子夹住，放在盛有乙醚的烧杯中，轻轻摆动，洗净后的毛样置于黑绒板上待用。洗毛时室内要通风。

2. 羊毛纤维鳞片层的观察

（1）取无髓毛纤维数根，剪成0.5～1 cm长的短纤维，置于载玻片上，滴一滴甘油（也可提前滴好），覆以盖玻片，放在400～600倍的显微镜下观察。

（2）有髓毛由于髓质层的存在，看到的鳞片不够清晰，可以将少许指甲油均匀涂于载玻片上，待其呈半干状态时，将洗净的剪成0.5～1 cm长的短纤维数根置于其上，稍加压力使纤维的一半嵌入指甲油中，待干后，轻轻取下毛纤维，在指甲油上能印出较为理想的鳞片形状，将载玻片置于显微镜下观察。

3. 羊毛纤维皮质层细胞的观察　取无髓毛纤维数根，剪成短纤维，置于载玻片上，滴上浓硫酸，立即盖上盖玻片，静置2～3 min，用镊子将盖玻片稍加力轻轻磨动，使皮质层细胞分离出来，将载玻片置于显微镜下观察。

4. 羊毛纤维髓质层的观察　将有髓毛数根剪短置于载玻片上，滴一滴蒸馏水，覆以盖玻片，在盖玻片的一端用吸水纸吸取蒸馏水，另一端不断滴以无水酒精，如此反复6～8次，置显微镜下观察髓质层细胞清晰可见。

（三）羊毛细度的测定

细度是羊毛物理性能中的一项重要指标。它直接关系到羊毛的用途及工艺价值。另外，目前世界各国通用的羊毛分级方法都是以细度为基础的，所以它也是绵羊、山羊育种工作中一项重要的鉴定内容。

羊毛细度的判定方法有两种，即现场目测法和实验室测定法。生产中对细毛羊和半细毛羊鉴定及现场调查时常采用现场目测法。为了准确测定羊毛细度，在实验室利用显微镜测微尺测定法、显微投影仪测定法进行测定。

1. 现场目测法　测定者在羊肩胛骨后缘一掌处，用两手将毛被轻轻分开，随机取下毛纤维一束10～20根，仔细观察羊毛的粗细，与细度标本中的毛纤维对照，再确定最近似的品质支数，作为现场羊毛细度的目测结果。

这种方法是凭经验评定，需反复练习才能熟练掌握。

2. 实验室测定法　可分为显微镜测微尺测定法和显微投影仪测定法。

（1）显微镜测微尺测定法。

①毛样的洗涤。从供测试的毛样中选取1～2 g的毛样进行洗涤。洗毛方法同前。

②制片。用单面刀片在毛样的中部轻轻切下要观察的毛段，置于载玻片上，滴适量甘油，用标本针搅匀，覆以盖玻片备用。

③调整。先将目镜测微尺放入显微镜目镜筒内，再将物镜测微尺放在载物台上。调整焦

距，使两尺刻度线重叠清晰。

④测量。取下物镜测微尺，将制好的切片置于载物台上，用目镜测微尺测量毛纤维所占的刻度格数。测量时有顺序地由上向下、由左向右逐根测量。一般细毛不少于100根，半细毛为200根，混型毛中的粗毛和绒毛分开测量，各测200～250根。

（2）显微投影仪测定法。此法是利用楔形尺测定的。将制好的玻片放在显微镜投影仪的载物台上，调节焦距至图像清晰为止，然后用楔形尺逐根测量。

在测定中如出现毛纤维重叠、交叉、粗细不均者，不做测定。

（四）羊毛长度的测定

长度是羊毛重要的物理性能之一，毛纺工业是根据羊毛的伸直长度来确定原料毛的用途。在羊毛交易中，长度是羊毛定等的重要依据之一。此外，在养羊业中测定羊毛长度可以了解羊毛的生长情况，羊毛长度是鉴定品种、个体羊毛品质及杂交改良效果的重要指标。因此羊毛长度的测定可为毛纺工业的选毛和纺织工艺的选择以及绵羊育种工作提供科学依据。

1. 羊毛自然长度的测定 一般是在现场用小钢尺在羊体上测量毛丛或毛辫的自然长度。测量时用两手轻轻将测量部位被毛分开，将钢尺插入羊毛缝隙。使钢尺一端抵达皮肤，紧贴毛根，钢尺与毛丛生长方向平行，观察毛丛根部到达毛纤维顶端的距离，毛纤维顶端所指向的刻度即羊毛的自然长度。采用三进二舍制，结果精确到0.5 cm。种公羊要求测5个部位，即体侧部、肩胛部、股部、腹部、背部。而母羊要求测体侧部、肩胛部、股部3个部位。

测量时，不能将毛丛人为拉长或使毛丛倾斜，也不能将钢尺按进皮肤中，否则影响准确性。

2. 羊毛伸直长度的测定 一般在实验室测定。测定羊毛伸直长度时，将30 cm钢尺和毛样置于黑绒板上，用尖头镊子两把，由毛丛根部抽出一根纤维，夹住纤维两端拉到弯曲刚刚消失为止，并在钢尺上测量。也可用左手持载玻片轻压在毛样的上方，载玻片一端应与毛样一端对齐，测尺与样品平行，随后用镊子随机抽拉毛样，直至纤维弯曲消失时，记录此时的长度，即为毛纤维的伸直长度。采用三进二舍制，结果精确到0.5 cm。

同质毛每个毛样测150～200根，异质毛每种纤维类型测100根。

（五）羊毛密度的测定

羊毛的密度是指单位皮肤面积上羊毛着生的纤维根数。它是决定羊毛产量的重要因素之一。所以在选种时准确地测定羊毛的密度对于那些具有高度育种价值的种羊来说有着非常重要的现实意义。

绵羊个体鉴定时，现场采用感观评定法。在科研或选种时，为了准确测定羊毛密度，利用羊毛密度钳、皮肤切片法在实验室中进行测定。

1. 感观评定法 测定者用两手轻轻分开羊体侧部被毛，顺毛丛方向观察皮肤缝隙的宽窄，皮肤缝隙越窄表明羊毛密度越大，皮肤缝隙越宽表明羊毛生长稀疏，羊毛密度差；此外，用两手触摸羊股部、体侧部、肩胛部被毛，感觉其厚实和松软程度，感觉厚实则密度较大，感觉松软则密度较小。

需要注意，这种现场测定羊毛密度要熟悉皮肤皱褶，仔细观察被毛油汗的多少、羊毛的长度及被毛污染的程度，不能在雨天测定，否则均会影响准确性。

2. 实验室测定法

（1）羊毛密度钳测定法。在定位皮肤上，用羊毛密度钳采取1 cm^2皮肤上的毛样，测定其毛纤维根数。

(2) 皮肤切片测定法。用环形皮肤取样刀（直径 1 cm）在欲测部位取活体皮肤样品一块，在实验室中利用组织学的计数方法来测定皮样内的毛囊数量。

（六）净毛率的测定

在养羊业生产和羊育种工作时，净毛量常用来更精确地表示羊实际羊毛生产力。在羊毛交易中，通过净毛率折算净毛量，进行公平交易。在羊毛加工工业中，根据净毛率可以测算出实际加工的羊毛数量。

净毛率的高低与品种、个体、性别、部位、外界环境及育种工作等有着密切的关系。

1. 毛样称重 称取毛样 10 g 左右（毛样中的沙土不能损失）。

2. 松毛、抖土 仔细把羊毛撕松，并尽量抖去沙土、粪块和草屑，注意不要丢失毛纤维。

3. 洗毛 选用碱性或中性洗毛液按下列程序洗毛。将撕松、抖土后的毛样放入第一槽（盆）中轻轻摆动（不要用手揉搓羊毛，防止擀毡），达到洗涤时间后，取出挤干净水分，放入下一槽（盆）内洗涤。经各槽（盆）洗涤后取出压净水分，将毛样放入八篮烘箱内进行烘干。

4. 烘毛 毛样在温度为 100～105℃的八篮烘箱中烘干，2～3 h 后第一次称重，40 min 后第二次称重，两次称重误差不超过 0.01 g，即可作为该毛样的绝对干重。误差超过 0.01 g 时，每隔 20 min 重复称一次，直至两次误差量不超过 0.01 g 为止，即为其绝对干重。

5. 净毛率的计算

普通净毛率=净毛绝对干重 ×（1+标准回潮率）/原毛毛样重×100%

注：标准回潮率暂按细羊毛 17%、半细羊毛 16%、异质毛 15%计算。

知识拓展

一、羊毛的基本知识

1. 羊毛的形成

(1) 绵羊皮肤的构造。羊毛是从绵羊皮肤上生长出来的，绵羊的皮肤分为三层，即表皮层、真皮层和皮下结缔组织。

①表皮层。表皮层位于皮肤表面，表皮层又分角质层、颗粒层、生发层。

②真皮层。位于表皮层下面，真皮层中有血管、淋巴管和神经末梢，羊毛生长时需要的营养是由真皮层的血管供应。

③皮下结缔组织。在皮肤的最下层，秋季绵羊在这一层中贮积大量的脂肪，为越冬做准备。

绵羊的皮肤组织供给羊毛生长所需的营养，因此皮肤组织的健康情况、营养好坏、皮肤的厚度都影响羊毛的生长和羊毛的品质。皮肤薄而致密，生长的羊毛密而细；皮肤厚而疏松，生长的羊毛稀而粗。皮肤健康而且营养好，羊毛生长快、细度均匀；如果营养不良，这个时期长出的羊毛较细，品质就差。

(2) 毛囊和毛囊群。绵羊的皮肤中有两种毛囊：一种是初级毛囊，在皮肤中发生早，有附属结构，即皮脂腺、汗腺和竖毛肌；另一种是次级毛囊，发生晚，没有汗腺和竖毛肌，仅有皮脂腺，但不发达。毛囊在皮肤中是成群生长的，形成一个毛囊群（图 4-15）。

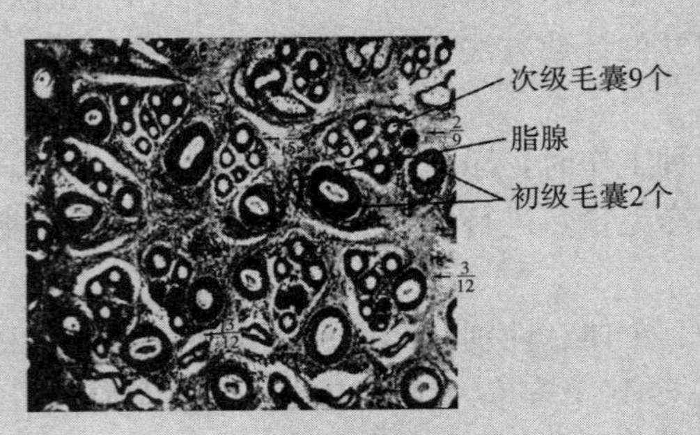

图 4-15 毛囊群

（3）羊毛纤维的形成和生长。

①羊毛纤维的形成。羊毛纤维一般在胚胎期 50～70 d 时开始形成。最初在表皮生发层出现一些细胞集团，称为毛囊原始体。血液向原始体不断流动，使原始体有丰富营养而增殖，形成结节。结节细胞继续大量增殖，形成一个瘤状物。瘤状物向下生长伸入皮下结缔组织，成为一个管状物，在管状物中充满了生发层细胞，管状物下端的瘤状物继续发育成毛球，毛球的底部凹陷形成毛乳头，毛乳头的细胞不断分裂，形成毛纤维，毛纤维逐渐向上，穿过皮肤表层成为羊毛。管状物中生发层细胞靠近毛纤维的部分形成毛鞘，毛鞘由一层结缔组织包围，称为毛囊。

②羊毛纤维的生长。羊毛纤维在皮肤中是成群生长的。初级毛囊的毛纤维在羔羊出生时全部长出皮肤表面，次级毛囊的毛纤维在羔羊断乳后开始生长。如果羔羊断乳后营养较差，一部分毛纤维不能长出羊毛，因此羔羊断乳以后的饲养很重要，它会影响羊毛的密度和产毛量。因此母羊妊娠期的营养影响胚胎发育和毛囊发育。

（4）绵羊的脱毛。羊毛的生长是毛球部分的细胞增殖，当毛球部分的细胞发生角质化时，毛球部分的细胞增殖减弱，羊毛停止生长，与毛乳头分离，而毛乳头又重新增殖生长新的毛纤维，于是发生羊毛的脱换现象。绵羊有以下三种脱毛现象：

①季节性脱毛。是周期性脱毛现象，粗毛羊在春末夏初时绒毛脱落，到秋季又重新长出新的绒毛，但有髓毛不脱换。粗毛羊脱毛现象是适应外界环境的季节性变化的一种表现。

②病理性脱毛。是绵羊在患病时出现的脱毛现象，如乳腺炎、疥癣引起的局部脱毛。

③人工脱毛。是利用化学药剂脱毛，是减轻繁重劳动的一种方法，可以降低剪毛的费用，对羊以后的生长无不良影响。

2. 羊毛的构造

（1）羊毛的形态学结构。羊毛根据其形态可分成毛干、毛根和毛球三部分（图 4-16）。

①毛干。是羊毛纤维露出皮肤表面的部分。

②毛根。是羊毛在皮肤内的部分。其上端与毛干相连，下端与毛球相连。

③毛球。为羊毛纤维最下端膨大呈球状包围着毛乳头的部分，毛球是毛纤维的生长点。

（2）附属组织。是由毛乳头、毛鞘、毛囊、脂腺、汗腺、竖毛肌组成（图 4-16）。

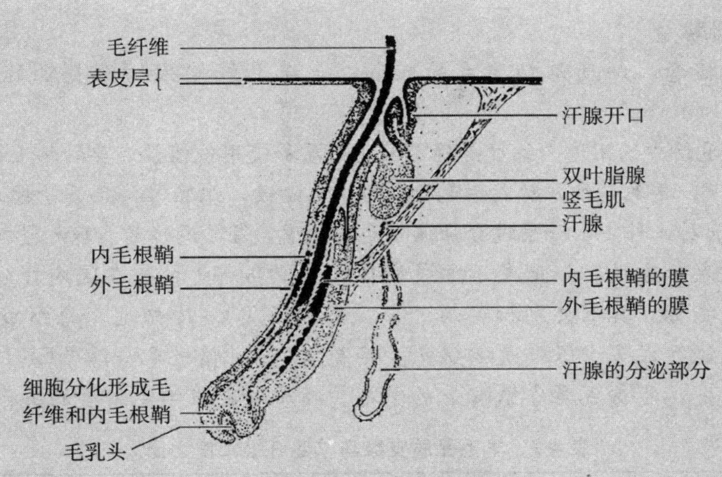

图 4-16　羊毛纤维及附属组织

①毛乳头。位于毛球的中央，由结缔组织组成。是供给羊毛营养的器官。其中有血管和神经末梢，血液运送营养物质到毛球，保证毛球中细胞的营养，使羊毛生长。

②毛鞘。包在毛根外面，是由数层表皮细胞形成的管状物。可分为内毛鞘和外毛鞘两层。

③毛囊。是毛鞘周围的结缔组织层，形成毛鞘的外膜。

④脂腺。位于皮肤中毛鞘的两侧，分泌管开口于毛鞘中，分泌油脂。

⑤汗腺。位于皮肤的深层，分泌管直接在皮肤表面开口，有调节体温、排出代谢产物的作用。

⑥竖毛肌。位于皮肤内层很小的肌纤维束。竖毛肌的收缩和松弛可调节脂腺和汗腺的分泌，同时能促进血液和淋巴液循环。

(3) 羊毛的组织学构造。羊毛纤维的组织学构造由2～3层组成。粗毛纤维由鳞片层、皮质层和髓质层三层组成，也称有髓毛。而细毛纤维只有鳞片层和皮质层（图 4-17），没有髓质层，故也称无髓毛。

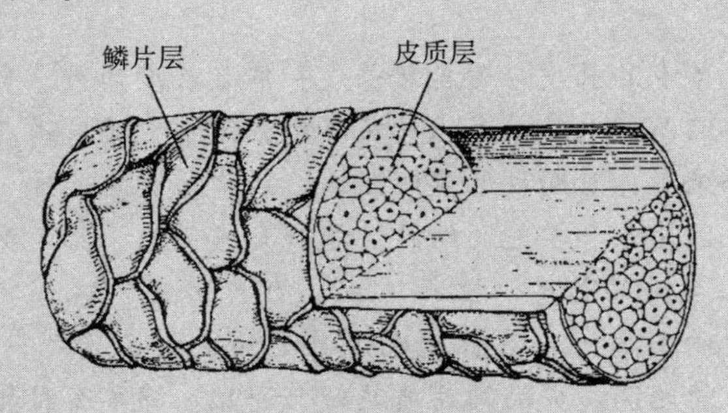

图 4-17　羊毛组织学构造（细毛纤维）模式

二、羊毛的物理特性

羊毛的物理特性亦称工艺特性，是羊毛品质的基础，其主要指标包括羊毛的细度、长度、弯曲、强度和伸度、弹性和回弹力、黏合性、颜色和光泽、吸湿性和回潮率等。

1. 羊毛的细度

(1) 细度的概念。细度是指羊毛的粗细，是羊毛纤维横切面直径的大小，以微米(μm) 为单位。

(2) 细度在毛纺中的用途。细度是确定羊毛品质和使用价值最重要的物理性指标之一。在毛长相同的情况下，羊毛越细，纺成的毛纱也越均匀细致，织品薄，品质精致，各种特性也就越好。但在绵羊育种工作中，如果过分强调羊毛的细度，绵羊的体质和剪毛量就会降低。

(3) 细度的表示方式。细度表示方式较多，其中品质支数是在国内外应用最广泛的羊毛工艺性的细度指标。其有公制和英制之分。公制指 1 kg 净梳毛，每纺成 1 000 m 长的毛纱作为一支，能纺成多少根就是多少支。英制指 1 磅[①]精梳毛每纺长 560 码 (约 512 m) 长的毛纱作为 1 支，能纺成多少根就是多少支。品质支数与羊毛细度的关系见表 4-2。

表 4-2 羊毛品质支数与羊毛纤维细度之比

品质支数 (支)	平均直径 (μm)	品质支数 (支)	平均直径 (μm)
80	14.5～18.0	50	29.1～31.0
70	18.1～20.0	48	31.1～34.0
66	20.1～21.5	46	34.1～37.0
64	21.6～23.0	44	37.1～40.0
60	23.1～25.0	40	40.1～43.0
58	25.1～27.0	36	43.1～55.0
56	27.1～29.0	32	55.1～67.0

(4) 细度与其他特性的关系。细度与长度、弯曲、强度等特性有一定的相关性，羊毛越细，长度越短，单位长度内的弯曲数越多，鳞片越密，光泽越柔和，含脂率越高，净毛率越低，单根纤维的断裂强度越小，伸度越小。

(5) 细度的判定。羊毛细度的判定方法有肉眼判定和实验室测定两种。生产中对细毛羊和半细毛羊鉴定及现场调查时常应用肉眼判定。实验室测定利用显微投影仪测定法、显微镜测微尺测定法和气流式羊毛细度仪测定法进行测定。

2. 羊毛的长度

(1) 长度的概念。羊毛的长度分为自然长度和伸直长度两种。自然长度是毛丛在自然状态下的长度，在绵羊品质鉴定、羊毛收购及羊毛分级中常被采用。伸直长度是把单根毛纤维拉直至弯曲消失而未延伸时两端的直线距离，又称为真实长度。羊毛收购时和毛纺工业一般采用伸直长度，因为它和羊毛的纺纱性能有直接关系。细毛的延伸率在 20%以上，半细毛为 10%～20%。羊毛的长度以厘米 (cm) 为单位。

(2) 长度在毛纺中的用途。羊毛长度也是羊毛的主要品质之一，在细度相同的情况下，羊毛越长，纺纱性能越高，成品的品质越好。因此，绵羊育种和养羊生产中都非常重视提高羊毛的长度。在毛纺工业中，羊毛长度是决定羊毛用途的主要因素之一，一般细毛的平均伸直长度在 6.5 cm 以上才适用于精梳纺，平均伸直长度在 6.5 cm 以下的羊毛适用于粗梳纺，而 4 cm 以下的羊毛只能用于制作羊毛毡或在粗纺中配备作为纬纱使用。56～58

① 磅为非法定计量单位，1 磅≈453.6 g。

支的半细毛要求毛长在 9 cm 以上，48～50 支的半细毛要求长度在 12 cm 以上。

（3）长度与其他特性的关系。羊毛的细度和长度之间有一定的相关性。细又长的羊毛其纺织性能好，可织成上等精纺毛料，且制品也好。若羊毛较细但长度短，只能纺织粗纺毛料；较粗的羊毛只能织造地毯、提花毛毯或制作羊毛毡。

（4）长度的测定。一是测量其自然长度，可在羊活体上测量，也可采取毛样在实验室测量；二是测量其伸直长度，常在实验室中测量。

3. 羊毛的弯曲　羊毛纤维在自然状态下沿着长度方向出现规则或不规则的弧形称为羊毛的弯曲。羊毛弯曲的形状按弯曲的深浅和高低不同，分为弱弯曲（平弯曲、长弯曲、浅弯曲）、正常弯曲及强弯曲（深弯曲、高弯曲和折线状弯曲）三种，见图 4-18。

弯曲被广泛用作估价羊毛品质的依据，弯曲形状整齐一致的羊毛纺成的毛纱和制品手感松软，弹性和保暖性好。细毛羊或半细毛羊的羊毛为浅弯曲和正常弯曲，细毛弯曲数多而密度大，增加毛纤维的弹性，使被毛形成紧密的毛丛结构，可防止杂质入侵污染，适于制作精纺织品；粗毛的毛纤维呈波形或平展无弯（即弱弯曲）；折线状弯曲都在腹部出现，如果身体主要部位出现折线状弯曲或高弯曲，这种羊一般体质较差，羊毛的抗断能力特别差，不利于纺织。在被毛中出现折线状弯曲的羊应予淘汰。

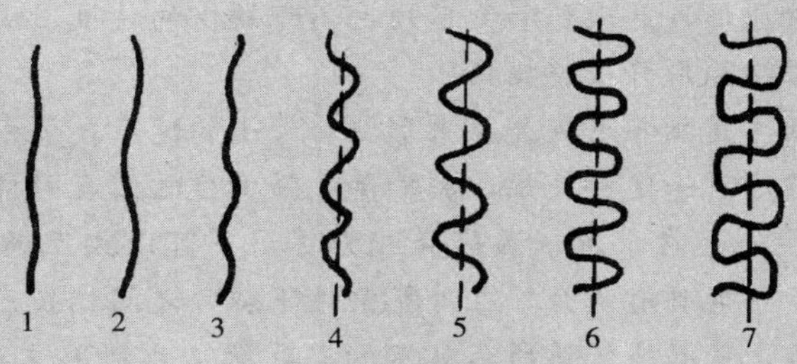

图 4-18　羊毛的弯曲形状

1. 平弯曲　2. 长弯曲　3. 浅弯曲
4. 正常弯曲　5. 高弯曲　6. 深弯曲　7. 折线状弯曲

4. 羊毛的强度与伸度

（1）强度。强度是指拉断羊毛纤维所需用的力，也就是羊毛纤维的抗断能力。羊毛强度与织品的结实性、耐用性有关。羊毛强度有两种表示方法，即绝对强度和相对强度。

绝对强度是指拉断单根毛纤维所用的力，单位用克（g）表示。羊毛越粗，绝对强度越大。

相对强度是指羊毛拉断时在单位横切面积上所用的力，单位以千克/厘米^2（kg/cm^2）表示。一般细毛和半细毛的相对强度大。

（2）伸度。伸度是指将已经拉直的羊毛继续拉到断裂时所增加的长度占毛纤维伸直长度的百分比，称羊毛的伸度。羊毛的伸度是决定毛织品结实程度的因素之一。

羊毛强度和伸度有一定的相关性，影响羊毛强度的因素也影响羊毛伸度。同型毛的细度与其绝对强度成正比，毛越粗其强度越大。有髓毛的髓质越发达，其抗断能力越差。羊毛的伸度一般可达 20%～50%。不同细度的羊毛纤维的强度和伸度的要求见表 4-3。

表 4-3　不同细度的羊毛纤维的强度和伸度

细度（μm）	绝对强度（g）	伸度（%）
<18.0	3.98～5.74	20.0～48.5
18.1～20.0	5.70～6.08	28.0～50.0
20.1～22.0	7.19～8.55	29.0～56.5
22.1～24.0	7.70～9.54	32.0～50.5
24.1～26.0	9.36～11.76	35.0～57.5
26.1～30.0	13.26～16.86	36.0～65.5
30.1～37.0	16.47～22.79	37.5～62.0
37.1～45.0	29.30～33.65	40.6～67.5
45.1～60.0	39.20～48.40	32.5～65.0
>60.0	51.25～63.25	40.0～63.5

5. 羊毛的弹性和回弹力

（1）弹性。给羊毛施加外力使其变形，当除去外力后羊毛恢复原来形状的特征称为弹性。弹性可使制品保持原形，是地毯和毛毯用毛不可缺少的特性。由于这种特性，毛纺织品在穿着中可以经久保持原形并平整挺括。

（2）回弹力。回弹力是指羊毛恢复原来形状和大小的速度。

羊毛的弹性和强伸度有一定相关性，影响羊毛强伸度的因素同样也影响羊毛的弹性。

6. 羊毛的黏合性　羊毛在水湿、温热和外力作用下可以相互缠结在一起，这种特性称黏合性。主要是由于羊毛具有鳞片，在外界条件下鳞片之间相嵌产生黏合现象。黏合性是羊毛重要的工艺特性，是其他纤维所不具有的，毛纺工业利用这种特性以制毡和缩绒。但这种特性会给洗毛带来不便。

7. 羊毛的颜色和光泽

（1）颜色。羊毛颜色是指羊毛洗净后所具有的天然颜色。羊毛的颜色有白色、黑色（包括深褐色）、灰色（深灰、浅灰）、杂色等。毛纺工业上以白色羊毛最好，可以染成不同的颜色。

（2）光泽。光泽指洗净羊毛对光的反射能力。光泽的强弱取决于鳞片形状、排列和覆盖情况。根据羊毛对光的反射强弱，将羊毛光泽分为全光毛、半光毛、银光毛和无光毛。

全光毛：光泽较强。林肯羊毛和安哥拉山羊毛（马海毛）属这一类。

半光毛：光泽比全光毛稍弱。罗姆尼羊毛、山羊毛等毛属这一类。

银光毛：光泽柔和，是理想的光泽。细毛具有银光。

无光毛：光泽比较灰暗。大部分粗羊毛和低代杂种羊的羊毛属这一类。

羊毛的光泽对毛织品的外观有一定的影响。较强的光泽可使织品色彩鲜艳。

8. 羊毛的吸湿性和回潮率

（1）羊毛的吸湿性。羊毛的吸湿性是指在自然状态下，羊毛吸收和保持空气中水分的能力。羊毛在自然状态下的含水量称为羊毛的湿度。

（2）羊毛的回潮率。当羊毛吸湿以后吸湿量的大小常采用回潮率和含水率两种指标表示。回潮率又称吸湿率，指羊毛中所含的水分与原毛样绝对干燥重的百分比。含水率是指羊毛中的水分占大气中原毛样重量的百分比。一般情况下原毛含水率可达15%～18%。

在羊毛贸易中因各地温度及湿度条件不同，羊毛重量也不同，为了准确测定羊毛重量，便于合理计价，各个国家规定了各国回潮率标准，称为公定回潮率。在国际贸易中规定的回潮率标准，称为标准回潮率。标准回潮率是在温度20℃和相对湿度65%下测定的。我国规定的粗净毛、细净毛的公定回潮率和标准回潮率见表4-4 。

表4-4　我国规定的粗净毛、细净毛的公定回潮率和标准回潮率（%）

羊毛种类	公定回潮率	标准回潮率
粗净毛	16	16
细净毛	16	17

（三）羊毛的化学组成和主要化学特性

1. 羊毛的化学组成　羊毛纤维主要由一种复杂的蛋白质化合物组成。组成羊毛的化学元素主要有碳、氢、氧、氮 、硫等，含硫是羊毛蛋白质的主要特性，且比较稳定，与羊毛的弹性、强度及细度有关。羊毛越细，含硫量越高，而且羊毛中含硫量增加时，弹性和强度增加，从而提高羊毛的纺织性能。

2. 羊毛的化学特性

（1）酸对羊毛的影响。羊毛有耐酸的能力，是由于其化学结构中含有碱基。根据羊毛这种固有的特性，在毛纺工业的加工过程中对羊毛进行“碳化”处理，以除去植物性杂质。有机酸对羊毛的作用更弱，所以乙酸、甲酸被用于羊毛染色工艺。但高温、强酸对羊毛有破坏作用。

（2）碱对羊毛的影响。羊毛对碱敏感，易受碱的破坏，并随着碱浓度增加、作用时间的延长，其对羊毛的破坏程度增强，使羊毛发黄变脆，手感粗糙，易断裂。将羊毛放在5%氢氧化钠溶液中，煮沸5 min后羊毛全部溶解。洗毛时，多选用中性皂液，不能用氢氧化钠、氢氧化钾等碱性物质做洗涤剂。

（3）热空气、日光对羊毛的影响。低温对羊毛损伤不明显。一般羊毛在－50～60 ℃仍能保持正常柔软性。羊毛在100～105 ℃热空气中经几小时处理就会失去全部水分，随着处理时间的延长，羊毛颜色变黄、纤维变粗硬，强度下降，部分羊毛分解。处理羊毛的温度一般不超过60 ℃。日光对羊毛有破坏作用，可使羊毛发黄变脆，手感粗糙，强度降低，从而降低羊毛品质。羊毛贮存时应避免阳光曝晒。

此外，氧化剂、还原剂、风蚀等对羊毛品质都有不同程度的影响。

复习题

一、填空题

1. 澳洲美利奴羊的原产地是＿＿＿＿＿＿，其类型可分为＿＿＿＿＿＿、＿＿＿＿＿＿、＿＿＿＿＿＿和强毛型。

2. 我国培育的第一个细毛羊品种是＿＿＿＿＿＿。

3. 我国著名的三大粗毛羊品种是__________、__________、__________。

二、简述题

1. 简述初生羔羊的饲养管理技术要点。

2. 简述常用的几种放牧方法。

3. 简述毛用羊的一般管理技术。

小论坛

1. 试述你所在地区有哪些绵、山羊品种？它们的生产性能和经济效益如何？

2. 近几年来我国引入的不同经济类型的绵、山羊品种有哪些？简述这些品种在我国的利用情况。

肉用羊生产技术

◆【项目导学】

从20世纪50年代以后，世界养羊业由毛主肉从变为肉主毛从，肉羊业发展具有国际竞争力的国家为新西兰、澳大利亚和英国等发达国家，这些国家逐渐建立了完善的肉羊繁育体系、产业化经营体系，并拥有了自己的专用肉羊品种。这些国家的肉羊良种化程度和产业化技术水平都很高，占据着整个国际高档羊肉的主要市场。如新西兰肉毛兼用羊品种占绵羊总数的98%，美国、法国等国家均超过50%。生产的羊肉主要为羔羊肉，如澳大利亚羔羊肉产量占羊肉总产量的70%，新西兰占80%，法国占75%，美国占94%，英国占94%。

我国肉羊产业发展飞快，已由一个存栏量只有4 000多万只发展成为存栏量世界第一的养羊大国。目前，我国绵羊、山羊品种资源丰富，存栏量已经超过3亿只，全国各省份均有肉羊产业分布。养羊业不仅是边疆和少数民族地区农牧民赖以生存和这些地区经济发展的支柱产业，而且对农区发展起到了积极的推动作用，养羊业已成为转变农业发展方式、调整农业产业结构、促进农民增收的主要产业之一，畜牧业在农业中占重要地位。

但是，我国肉羊的规模化生产还处于刚刚起步阶段。从国内养羊的总体情况来看，良种化程度低，专门化肉羊品种少；养殖方式粗放，大多采用低投入、低产出、分散落后的生产经营方式；在饲养管理、屠宰加工、销售服务等环节还需进一步提高；羊肉及其产品的深加工研究和开发力度不够，缺乏有影响、知名度高的名牌羊肉产品；公益化的社会服务体系供给严重不足。2009年2月，国家肉羊产业技术体系建设正式启动，并制定出一系列的重大技术方案，旨在解决我国肉羊产业发展中的制约因素，提升我国养羊业的科技创新能力和产业化水平。

上述案例告诉我们：国家正致力于在专业养羊户和大型养羊场建立标准化生产体系，推行标准化生产规程，促进专业化养殖小区建设，加强品种繁育、杂交改良、饲料、防疫、养殖技术和产品加工等方面的标准化工作，逐步实现品种良种化、饲养标准化、防疫制度化和产品规格化，奠定安全优质羊肉产品生产的基础。这就需要认识肉羊品种，学习高效饲养管理及相关肉用羊生产技术，来完善专业知识，为生产实践服务。

◆【项目目标】

1. 能正确识别肉用羊的品种，掌握其产地特点、体型外貌、生长发育特点。

2. 会根据肉用羊的外貌特征选择优秀的肉用羊个体。

3. 掌握肉用羊的饲养方式。

4. 掌握种公羊、母羊、羔羊、育成羊的管理要点。

5. 掌握肉用羊日常管理技术。

6. 掌握肉用羊产肉性能测定。

任务一 肉用羊品种

任务导入

现代化养羊追求高产量、高品质、高效益，要达到这个目的，首先要选择优良品种。如肉用羊品种波尔山羊、小尾寒羊可2年产3胎，1胎产多羔，其生长发育快，6月龄体重可达到35～45 kg；产肉性能好，屠宰率可达50%～60%；肉品质好。这些特点统称为高产性能。对于具有高产性能的优良品种，只要加大养殖技术投入，就可以达到“三高”的目的。反之，对于生产性能低的品种，即使再加大养殖科技含量也达不到“三高”的目的。因此农户养羊要选择生产性能高的优良品种，这样才能获得丰厚的经济效益。

其经济效益如下：

若按一只经产母羊年产3只羔羊计算，一年纯收入1 854元。

(1) 据调查，目前市场活羊价格为19.8～20.6元/kg，按19.8元/kg计算，一般羔羊出生35～45 d断乳育肥，育肥80～90 d，体重平均50 kg。19.8元×50 kg=990元。

(2) 一只肥羔每天成本在0.6元以内。

①每天平均干草1～1.25 kg，按1.25 kg计算，每千克平均0.2元，0.2元×1.25 kg=0.25元。

②精料配比按玉米面49%，麦麸18%，豆饼15%，杂粮13%，食盐2%，鱼粉1%，骨粉1%，维生素、微量元素1%计算，1.2～1.4元/kg，按1.4元/kg计算，每天需0.25 kg精料，则1.4元×0.25 kg=0.35元。

③一只羔羊每天需饲料投入（干草+精料）：①+②=0.25元+0.35元=0.6元。

(3) 一只羔羊出栏利润为918元。

①一只育肥羔从出生到出栏成本为：0.6元/d×120 d=72元 。

②一只羔羊的利润为：990元-72元=918元。

(4) 一只母羊产羔的年利润为1 854元。

①一只母羊每天平均喂1.5～1.75 kg干草、0.25 kg精料，每天成本约为0.7元。

②一只母羊年成本为0.7元×365 d=255.5元。

③一只母羊每年（包括防疫费）总成本不超过300元。

④利润为（918 -300）元/只×3只=618元/只×3只=1 854元。

上述案例表明：肉用羊品种直接影响到肉用羊养殖效益，本任务将带你认识更多的肉用羊品种，提供更多的参考；另外现代养羊业是一项知识密集型和技术密集型产业。要养好肉用羊，发展肉用羊产业，不仅需要资金投入，更需要大量的科技投入。这就需要努力学习和掌握科学技术知识，将来为肉用羊产业链提供专业服务。

一、羊肉的特性

1. 羊肉的分类　按种类分，羊肉包括山羊肉和绵羊肉，一般山羊肉比绵羊肉色泽红，脂肪含量低，并主要沉积在皮下和内脏周围。按屠宰月龄分，绵羊肉一般分肥羔肉、羔羊肉和成年羊肉；山羊肉分为羔羊肉和成年羊肉。我国将1岁以下屠宰的羊肉称为羔羊肉，国外一般将4～6月龄屠宰的羊肉称为肥羔肉，1岁以上的羊肉称成年羊肉。按性别分，羊肉分为羯羊肉、公羊肉和母羊肉。羯羊肉（又称去势羊肉）：在羔羊期将公羔去势后饲养，到1.5～2.5岁时屠宰。肉质好、膻味轻。

2. 羊肉的营养成分　羊肉是一种营养丰富的动物性蛋白质食品。羊肉中蛋白质含有人体需要的全部氨基酸，而且比例符合人体需要，属于全价蛋白质，优于植物性蛋白质。羊肉蛋白质含量低于牛肉而高于猪肉，脂肪含量低于猪肉而高于牛肉，肉质比牛肉细腻，胆固醇含量低于猪肉和牛肉。无论山羊肉或绵羊肉，营养均很丰富，肌肉纤维细嫩，脂肪分布均匀，胆固醇含量低。羊肉中脂肪主要为硬脂酸、油酸、棕榈酸、亚油酸、挥发酸、甘油等，羊肉中硬脂酸占34.7%，熔点较高，油酸占31%，棕榈酸占23.2%。

羊肉中除含有蛋白质和脂肪酸之外，还含有丰富的矿物质和维生素。新鲜的羊肉中矿物质含量约占1%，主要有钾、钠、钙、镁、硫、磷、氯、铁以及微量的锌、铜、锰等无机物。维生素主要有维生素 B_1、维生素 B_2、泛酸、生物素、叶酸、维生素 B_{12}，维生素A和维生素D含量很少。

3. 优质羊肉的标准

（1）肌肉丰满、柔嫩多汁，胴体中肌肉含量高，肉质细腻，一般以当年羔羊为最好。

（2）肉块小而紧凑，骨骼短而细，肌肉丰满。

（3）脂肪含量适中，分布均匀，皮下脂肪和肌肉间脂肪比例高，分布均匀。

（4）肉细、色鲜、可口，肌肉细腻、肉色鲜红或浅红，脂肪色白。

二、肉用羊品种及利用

肉用羊是指具有独特产肉性能的羊。生长发育快、早熟、饲料转化率高、产肉性能好、肉质佳、繁殖率高、适应性强。体型外貌上具有体躯长、肩宽而厚、胸宽而深、背腰平直、后躯臀部宽大、肌肉丰满、体躯呈圆筒形、长瘦尾等特征。肉用羊品种主要产于英国、法国等国家，我国引进的品种有夏洛莱羊、萨福克羊、杜泊羊、无角陶赛特羊等。我国培育的肉用羊品种有南江黄羊。此外，我国还有繁殖率高的地方绵羊品种，常在肉用羊杂交生产中作为母本。

（一）引进的肉用羊品种

1. 无角陶赛特羊

（1）产地及特点。无角陶赛特羊原产于澳大利亚和新西兰，是当前有名的肉用羊品种。利用该羊品种改良我国地方品种效果良好。该羊种在我国新疆、内蒙古、北京、甘肃、河北、河南等地都有养殖。

（2）体型外貌。该羊种体质结实，公、母羊均无角，颈短粗，胸宽深，背腰平直，后躯丰满，四肢粗短，体躯呈圆筒形，全身被毛白色（图 5-1、图 5-2）。

（3）生产性能。

①生长发育。成年公羊体重 90～110 kg，成年母羊体重 65～70 kg。4～6 月龄羔羊平均日增重 250 g，6 月龄体重 45～50 kg。

②产肉性能。经肥育的 4 月龄羔羊平均胴体重公羔 22.0 kg、母羔 19.7 kg，屠宰率 50%以上。

③繁殖性能。产羔率为 130%～150%。

④产毛性能。剪毛量 2～3 kg，净毛率为 60%。

图 5-1　无角陶赛特羊（公）

图 5-2　无角陶赛特羊（母）

（4）杂交效果。该品种羊和我国的小尾寒羊杂交，其杂交一代的生产性能明显高于小尾寒羊。有试验报道：杂交一代公羊 3 月龄体重达到 29.0 kg，6 月龄体重达到 40.5 kg，胴体重 24.2 kg，屠宰率 59.75%，净肉重 19.1 kg，净肉率 47.26%，后腿、腰肉重 11.2 kg，占胴体重 46.07%。且杂交后代的营养需求比纯种的无角陶赛羊低，饲草范围广，适应性强，适合在我国北方地区饲养。

2. 德国肉用美利奴羊

（1）产地及特点。该品种原产于德国，主要用于改良我国地方绵羊品种。该羊种适应性强、耐粗饲，是改良我国绵羊品种的优秀羊种。

（2）体型外貌。该品种为肉毛兼用细毛羊，公、母羊均无角，体格大，胸宽深，背腰平直，肌肉丰满，后躯发育良好，被毛白色，体躯无皱纹（图 5-3、图 5-4）。

图 5-3　德国肉用美利奴羊（公）

图 5-4　德国肉用美利奴羊（母）

（3）生产性能。

①生长发育。成年公羊体重 100～140 kg，成年母羊体重 70～80 kg。6 月龄羔羊体重

45～50 kg。

②产肉性能。羔羊 130 d 可屠宰，活重 38～45 kg，胴体重 18～22 kg，屠宰率 47%～50%。

③繁殖性能。10～12 月龄可配种，产羔率为 150%～250%。

④产毛性能。产毛量成年公羊 7～10 kg，成年母羊 4～5 kg。

（4）杂交效果。该品种羊目前饲养在内蒙古和黑龙江，适合于舍饲、半舍饲和放牧等各种饲养方式。德国肉用美利奴羊与小尾寒羊杂交，杂交一代公羊 3 月龄平均体重达 26.0 kg，6 月龄平均体重达 35.0 kg，胴体重为 16.8 kg，屠宰率 48%，净肉率 40.5%，净肉重 14.2 kg，后腿、腰肉重 8.15 kg，占胴体重 48.51%。

3. 德克赛尔羊

（1）产地及特点。原产于荷兰，属肉毛兼用型品种。19 世纪中叶，由当地沿海低湿地区的马尔盛夫羊母羊同林肯羊和来斯特公羊杂交培育而成。德克赛尔羊具有多胎，羔羊生长快、体大，产肉、产毛和适应性较强等特点。主要用于经济杂交生产羔羊肉的父本。我国于 1995 年开始将德克赛尔羊引入北京、黑龙江、新疆、宁夏，2000 年引入陕西和山东，适合在我国中北部地区推广。

（2）体型外貌。德克赛尔羊体型短且粗，公、母羊均无角，眼大突出，鼻镜、眼圈部位皮肤为黑色，头、四肢无毛覆盖，脸白色，头宽短，背腰平直，后躯较大，肌肉丰满，蹄为黑色（图 5-5、图 5-6）。

（3）生产性能。

①生长发育。成年公羊体重90～130 kg，成年母羊体重 65～90 kg。羔羊初生重为 4～5 kg，2 月龄体重为 22～26 kg，4 月龄体重为 38～45 kg，6 月龄体重为 48～59 kg。

②产肉性能。4～6 月龄羔羊可出栏屠宰，屠宰率为 55%～60%，瘦肉率、胴体出肉率高。具有“低脂肪、低胆固醇、高蛋白质”两低一高特点。

③繁殖性能。德克赛尔母羊初配年龄为 7～8 月龄，产羔率 200%左右。

④产毛性能。德克赛尔成年羊净毛率为 60%。

（4）杂交效果。德克赛尔羊与小尾寒羊杂交，杂交一代公羊 3 月龄平均体重达 27.3 kg，6 月龄平均体重达 39.0 kg，胴体重为 19.1 kg，屠宰率 48.97%，净肉重 15.9 kg，净肉率 40.77%。

图 5-5　德克赛尔羊（公）

图 5-6　德克赛尔羊（母）

4. 萨福克羊

（1）产地及特点。萨福克羊原产于英国英格兰东南部的萨福克地区。是用英国短毛种肉用南丘羊与旧型黑头有角的洛尔福克羊杂交，于 1859 年培育而成的。在我国，萨福克羊饲养在西北、华北、东北地区。

（2）体型外貌。萨福克羊体质结实，结构轻盈。头重，鼻梁隆起，耳大，头、颈、肩部位结合良好。公、母羊都没有角，体躯呈长筒状，背腰长而宽广平直，腹大而紧凑，后躯发育丰满。四肢健壮，蹄质结实。公羊睾丸发育良好，大小适中、左右对称；母羊乳房发育良好，柔软而有弹性。体躯主要部位被毛白色，头和四肢为黑色的称黑头萨福克羊（图 5-7、图 5-8），头和四肢为白色的称白头萨福克羊（图 5-9、图 5-10）。

（3）生产性能。

①生长发育。萨福克羊早期增重快，3 月龄前日增重 400～600 g，成年公羊的体重一般在 100～136 kg，成年母羊在 70～96 kg。

②产肉性能。萨福克公、母羊 4 月龄平均体重 47.7 kg，屠宰率 50.7%，7 月龄平均体重 70.4 kg，胴体重 38.7 kg，屠宰率 54.9%，胴体瘦肉率高。

③繁殖性能。萨福克羊性成熟早，部分 3～5 月龄的公、母羊有互相追逐、爬跨现象，4～5 月龄有性行为，7 月龄性成熟。一年内多次发情，发情周期为 17 d，妊娠率高，第一个发情期妊娠率为 91.6%，第二个发情期妊娠率为 100%。妊娠期一般为 144～152 d。

④产毛性能。成年公羊产毛量 5～6 kg，成年母羊产毛量 3～4 kg，毛长 7～9 cm，净毛率 60%。

（4）杂交效果。萨福克羊引入我国后，常作为杂交父本以提高我国肉用羊品质，但是由于萨福克羊的头和四肢为黑色，杂交后代多为杂色被毛，所以在细毛羊产区要慎重使用。

图 5-7　黑头萨福克羊（公）

图 5-8　黑头萨福克羊（母）

图 5-9　白头萨福克羊（公）

图 5-10　白头萨福克羊（母）

5. 杜泊羊

（1）产地及特点。杜泊肉用绵羊原产于南非，是由有角陶赛特羊和波斯黑头羊杂交育成，是世界著名的肉用羊品种。

（2）体型外貌。杜泊羊分为白头杜泊羊和黑头杜泊羊两种（图5-11至图5-14）。这两种羊体躯和四肢皆为白色，额宽，鼻梁隆起，耳大稍垂，既不短也不过宽。颈粗短，肩宽厚，背平直，肋骨拱圆，前胸丰满，后躯肌肉发达。四肢强健，肢势端正。杜泊羊分长毛形和短毛型两个品系，长毛型羊生产地毯毛，较适应寒冷的气候条件；短毛型羊被毛较短（由发毛或绒毛组成），能较好地抗炎热和雨淋。杜泊羊的毛可以自由脱落，不用剪毛。

（3）生产性能。

①生长发育。杜泊羊体躯丰满，体重较大。成年公羊和母羊的平均体重分别在120 kg和85 kg左右。

②产肉性能。3～4月龄的断乳羔羊平均体重可达36 kg，胴体重16 kg，肉骨比为（4.9～5.1）：1，胴体中的肌肉约占65%，脂肪占20%，优质肉占43.2%～45.9%。杜泊羊特别适合肥羔生产，肉质细嫩可口，被国际誉为钻石级绵羊肉。

③繁殖性能。在肉用绵羊的繁殖过程中，最重要的经济因素之一是高繁殖率。杜泊羊的繁殖不受季节限制，在良好的生产管理条件下，母羊可在一年四季任何时期产羔。在饲料条件和管理条件较好的情况下，母羊可达到2年3胎，一般产羔率能达到150%，在放养条件下，产羔率为100%。在由大量初产母羊组成的羊群中，产羔率在120%左右。

图5-11　白头杜泊羊（公）

图5-12　白头杜泊羊（母）

图5-13　黑头杜泊羊（公）

图5-14　黑头杜泊羊（母）

④产毛性能。年剪毛1～2次，剪毛量成年公羊2～2.5 kg、成年母羊1.5～2 kg，被毛多为同质细毛，毛短而细，春毛6.13 cm，秋毛4.92 cm，羊毛主体细度为64支，少数达

70 支或以上；净毛率平均 50%～55%。

（4）杂交效果。杜泊羊与小尾寒羊杂交，杂种一代具有明显的肉用体型。利用这种方式进行专门化的羊肉生产，羔羊 6 月龄即可出栏屠宰，可以迅速提高其生产性能，增加经济效益和社会效益。

6. 夏洛莱羊

（1）产地及特点。夏洛莱羊产于法国中部的夏洛莱地区，是以英国莱斯特羊、南丘羊为父本与夏洛莱地区的细毛羊杂交育成的，具有早熟、耐粗饲、采食能力强、肥育性能好等特点，是优秀的肉用绵羊品种之一。夏洛莱羊主要分布在河北、山东、山西、河南、内蒙古、黑龙江、辽宁等地区。

（2）体型外貌。夏洛莱羊被毛同质，白色。公、母羊均无角（图 5-15、图 5-16），整个头部往往无毛，脸部皮肤呈粉红色或灰色，有的带有黑色斑点，两耳灵活会动，性情活泼。额宽、眼眶距离大，耳大，颈短粗，肩宽平，胸宽而深，肋部拱圆，背部肌肉发达，体躯呈筒形，后躯宽大。两后肢距离大，肌肉发达，呈倒 U 形，四肢下部为深浅不同的棕褐色。

（3）生产性能。

①生长发育。夏洛莱羔羊生长速度快，平均日增重为 300 g。4 月龄育肥羔羊体重为 35～45 kg，6 月龄公羔体重为 48～53 kg，母羔为 38～43 kg，1 岁公羊体重为 70～90 kg，1 岁母羊体重为 50～70 kg。成年公羊体重为 110～140 kg，成年母羊体重为 80～100 kg。

②产肉性能。夏洛莱羊 4～6 月龄羔羊的胴体重为 20～23 kg，屠宰率为 50%，胴体品质好，瘦肉率高，脂肪少。

③繁殖性能。夏洛莱羊属季节性自然发情，发情时间集中在 9—10 月，平均受胎率为 95%，妊娠期 144～148 d。初产羊产羔率为 135%，3～5 胎产羔率可达 190%。

④产毛性能。夏洛莱羊被毛白色，毛细而短，毛长 6～7 cm，剪毛量 3～4 kg，细度为 60～64 支，密度中等。

（4）杂交效果。夏洛莱羊除进行纯种繁育外，还作为优良杂交肉用羊父本之一与当地羊进行杂交，生产杂交羔羊。20 世纪 90 年代初，内蒙古畜牧科学院、山东等地用夏洛莱公羊与当地羊杂交，杂交一代公羊 3 月龄平均体重达 30 kg，6 月龄平均体重达 42 kg，胴体重为 20.1 kg，屠宰率 48%，净肉率 35%，净肉重 14.7 kg。

图 5-15　夏洛莱羊（公）

图 5-16　夏洛莱羊（母）

7. 波尔山羊

（1）产地及特点。波尔山羊原产于南非，是一个优秀的肉用山羊品种，作为种用，已被非洲许多国家以及新西兰、澳大利亚、德国、美国、加拿大等国家引进，是世界上公认的肉用山羊品种，有“肉用羊之父”美称。该品种具有生长快、体格大、肉质好、肉量多、繁殖率高、适应性强的特点。已分布在我国江苏、陕西、四川、河南、山东、贵州等地，与当地母羊进行杂交都获得了良好效果。波尔山羊对各种气候带和不同生态条件均可适应，采食能力很强、采食植物种类非常广泛，抗病力强。

(2) 体型外貌。波尔山羊体型结构匀称，体格较大，胸宽深，肩宽厚，背宽而平直，肋骨开张良好，臀部肉厚、轮廓明显，股部肌肉丰满，腿强健。公羊有螺旋形角，个别母羊也有角（图 5-17、图 5-18）。耳大下垂，头、额、肩处毛色呈深棕色花斑，背、腹、体侧毛为白色。

(3) 生产性能。

①生长发育。成年公羊体重 105～130 kg，成年母羊体重 90～100 kg。初生公羔平均体重5.0 kg，母羔平均体重 3.7 kg。90 d 断乳平均体重公羔 29.0 kg、母羔 25.3 kg。12 月龄平均体重公羔 70.0 kg、母羔 53.0 kg。

②产肉性能。波尔山羊 4 月龄羔羊的胴体重为 20～23 kg，产肉量大，屠宰率高达 50%～55%，而且早期生长速度快。波尔山羊的肉骨比为 4.7：1，骨仅占 17.5%。

③繁殖性能。母羊初次发情期为 8～9 月龄，适宜配种月龄为 10～12 月龄。产羔率为 160%～200%。双羔率为 63%，三羔率占 28%，一年四季均可发情配种。

图 5-17 波尔山羊（公）

图 5-18 波尔山羊（母）

(二) 培育品种

南江黄羊

(1) 产地及特点。南江黄羊原产于我国四川省南江县，是我国畜牧科技人员应用现代家畜遗传育种学原理，采用多品种复杂杂交方法选择培育而成的我国第一个肉用山羊品种。南江黄羊由于采食性好、耐粗饲、抗病力强，特别适合我国南方地区饲养。

(2) 体型外貌。南江黄羊头大小适中，大多数公、母羊有角（图 5-19、图 5-20），颈较粗，体格高大，背腰平直，后躯丰满，体躯似圆筒形，四肢粗壮。被毛呈黄褐色，面部多呈黑色，鼻梁两侧有黄色条纹，从头顶至尾根沿背脊有一条黑色毛带，公羊前胸、颈下、肩和四肢上端着生黑而长的粗毛。

(3) 生产性能。

①生长发育。6 月龄公羊平均体重 27.4 kg，母羊平均体重 21.8 kg；1 岁公羊平均体重 37.6 kg，1 岁母羊平均体重 30.5 kg；成年公羊体重 40～55 kg，成年母羊体重 34～46 kg。

②产肉性能。在放牧加补饲条件下，12 月龄平均胴体重 15.5 kg；成年羯羊屠宰率为 55.6%，最佳屠宰期为 8～10 月龄。南江黄羊 8 月龄羯羊平均胴体重 10.78 kg，1 岁羯羊平均胴体重 15 kg，屠宰率 49%，净肉率 38%。

③繁殖性能。南江黄羊性成熟早、四季发情。最佳初配年龄：母羊 6～8 月龄，公羊 12～18 月龄。平均产羔率 205%，双羔率为 72%。

图 5-19　南江黄羊（公）

图 5-20　南江黄羊（母）

（三）地方品种

1. 小尾寒羊

（1）产地及特点。产于河北省的南部、河南省的东部和东北部、山东省的西南部以及安徽省北部、江苏省北部一带。该品种具有生长快、繁殖力高、适应性强、宜于分散饲养的特点，是农区以舍饲为主的优良品种之一，在肉用羊的生产中，是较好的母系品种。小尾寒羊是地方优良品种，由于体格较大，适宜在舍饲条件下饲养，不适宜放牧，特别是不适宜在山区放牧。

（2）体型外貌。小尾寒羊公羊有较大的螺旋形的角，母羊角较小（图 5-21、图 5-22）。鼻梁隆起，耳大下垂。颈较长，公羊前胸较深，鬐甲高、背腰平直、体躯高大，体躯呈矩形，四肢粗壮，尾呈椭圆形，下端有纵沟，尾长达飞节，被毛白色居多，少数羊头、四肢有黑褐色斑点或斑块。

图 5-21　小尾寒羊（公）

图 5-22　小尾寒羊（母）

（3）生产性能。

①生长发育。1 岁公羊身高 90～93 cm，体重 58～61 kg；1 岁母羊身高 80～83 cm，体重 39～42 kg；成年公羊平均体重可达 95 kg，成母羊体重达 45～49 kg。

②产肉性能。小尾寒羊产肉性能较好，1 岁去势羊屠宰率为 55.6%，净肉率为 45.8%；

3月龄羔羊屠宰率为50.6%，净肉率为39.21%。

③繁殖性能。小尾寒羊性成熟早，母羊5～6月龄即可发情，当年可产羔，公羊7～8月龄可用于配种。母羊四季都可发情，多集中于秋季，可1年2胎或2年3胎，大多数1胎产2羔，最多可产3～5只羔，平均产羔率为177.6%～261%。

④产毛性能。一次平均剪毛量：1岁公羊为1.29 kg，成年公羊为2.84 kg；1岁母羊为1.40 kg，成年母羊为1.94 kg。

2. 湖羊

（1）产地及特点。湖羊是我国著名羔皮羊品种，湖羊肉以细嫩鲜美、膻味小、含脂肪少、营养丰富而受广大人民所喜爱，主要分布于浙江、上海等地。

（2）体型外貌。湖羊头狭长，鼻梁隆起、耳大下垂，眼微突，公、母羊均无角（图5-23、图5-24）。颈、躯干和四肢细长，胸较窄，背腰平直，后躯略高，体躯呈扁长形，尾呈扁圆形的脂尾，尾尖上翘偏向一侧，全身被毛白色，初生羔羊被毛呈美观的水波纹状，成年羊腹部无覆盖毛。

（3）生产性能。

①生长发育。成年公羊平均体重48.7 kg，成年母羊平均体重36.5 kg。1岁公羊平均体重35.0 kg，1岁母羊平均体重26.0 kg。

②产肉性能。6月龄羔羊体重可达成年羊体重的87%，公羊屠宰率为48.5%，母羊屠宰率为49.4%。

③繁殖性能。湖羊性成熟早，母羊四季发情，乳腺发达，泌乳性能好，繁殖力高，平均产羔率为228%。

图5-23　湖羊（公）

图5-24　湖羊（母）

任务二　肉用羊的饲养管理

任务导入

近年来，羊肉价格一直较高，促进了规模羊场的兴起和扩大。目前，一些规模养殖户在养羊过程中遭到失败，究其原因有以下几方面：

一是环境条件差，基础设施简陋。养殖户沿袭传统的“低投入、高产出”的养殖模式，“一根木桩一只羊”的现象较普遍，大多数圈舍低矮简易，夏不纳凉，冬不保暖，舍内空气污浊，阴暗潮湿。羊长期与潮湿污浊的地面接触，易患寄生虫病，且生长慢，不易发情、配种，生产性能降低。

二是饲养员责任心不强。有的养殖户对养羊有很高的热情，但不懂养殖技术，只好另请饲养人员，而饲养员由于在平时的饲养管理中忽视检查羊每天的健康状况，从冬季的防寒保暖、囤积饲草到夏季的防暑降温、提供优质牧草、驱虫防疫等，都没有进行妥善的安排与处理，造成羊群体质差、生产力不高、疾病不断。

三是草料缺乏。养殖户多半在春季引进羊，刚开始草料供应还算及时充足，可一段时间后，因所种植的牧草太少，饲养起步规模太大，出现饲草危机，只能以收购杂草维持。收购也是多则多收、少则少收，无论是草的数量还是质量都不能满足羊的生长需要。有的农户在饲草短缺的情况下便以饲粮饲喂为主，造成羊因缺少饲草，消化系统内的微生物平衡体系被打乱，引起一系列肠道菌群紊乱，使生长受阻。有的养殖户勉强熬过秋季，到了冬季饲草供应还是问题，而且此时大部分母羊已配种受孕，仅凭贮存的少量花生藤、油菜籽壳根本无法满足妊娠母羊的营养需要，无草时便以枯玉米秸秆、枯稻草维持，这样的饲养不仅使妊娠母羊营养得不到保障，而且育肥羊也难以维持生命，难免出现“夏壮、秋肥、冬瘦、春乏”的现象。

四是防疫驱虫意识薄弱。不少养殖户认为羊比猪禽患病少，相对比较容易饲养，防疫、消毒、驱虫意识淡薄；有的养殖户从不对羊舍、羊体进行消毒驱虫，有的连基本的疫苗都不用；在饲养相对集中又不采取任何防范措施的情况下，病菌繁殖加快，羊抵抗力差，易暴发疫病。

上述案例表明：饲养管理要到位，饲草要充足，增强防疫和消毒意识等在肉用羊饲养与管理中非常重要。饲养与管理既要符合羊的生活习性，又要充分发挥羊的生产性能，减少疾病的发生。本任务将带你学习肉用羊科学的饲养与管理，为肉用羊生产提供一定的科学依据。

一、育肥羊的饲养管理

（一）肉用羊的饲养方式

羊的育肥技术

1. 舍饲饲养 随着当代畜牧业的快速发展，舍饲养殖已成为目前广大养殖户关心的热点，也必将成为未来肉用羊饲养的主流。肉用羊舍饲有利于形成规模、提高产品质量和养殖效益，有利于生态环境的改善，急待大面积推广。

（1）注重品种选择。要结合当地生产实际，选择适应当地的生态气候条件、生产性能高、产品质量好、饲养周期短、经济效益高的舍饲品种。

（2）建好圈舍。羊圈应做到夏季防暑、冬季防寒保暖，而且应有充足的活动场地。一般应建在地势高燥、通风向阳、避风良好、排水方便的地方。

（3）加强饲养。

①保证饲料供应。舍饲肉用羊必须保证有足够的饲草饲料，以便全年均衡供给饲料。饲料品种应多样化，以提高食欲及营养的全面性。舍饲期还必须补给一定的精饲料，精饲料主要由蛋白质饲料（豆类、豆粕、豆饼等）和玉米组成，适量添加多种维生素和矿物质微量元素，其中矿物质主要以铁、铜、锰、锌为主。为降低饲料成本，可在日粮中添加部分尿素作为蛋白质饲料源供给，尿毒一般日添加量为10～15 g。

饲喂尿素应遵循以下原则：一是严格控制喂量。一般按占日粮干物质的1%～2%或日粮总氮量的30%喂给，成年羊日喂量10～15 g较为安全。二是均匀分次喂给。将日定量尿素分2～3次溶于水，一定要拌入饲料后喂给，不能单纯饮用溶于尿素的水或直接饲喂尿素。喂完含尿素的饲料后不能立即饮水。三是注意饲料搭配。尿素必须配合易消化的饲料，不能与豆饼、苜蓿混合饲喂，以防中毒。

②按规程饲养。饲草应少喂勤添、分顿饲喂，每天一般3次，每次间隔5～6 h。饲喂青贮饲料要由少到多、逐步适应，青干草要切短或粉碎后和精饲料混合饲喂。补饲的精饲料常与其他切碎的块根或草粉拌匀饲喂，同时加入盐和骨粉等。

③搞好疫病防治。对于舍饲羊的疾病要采取预防为主、有病早治的措施，要把饲养管理和防病、治病结合起来。

2. 放牧饲养

(1) 放牧方式。全年放牧饲养需要足够面积的草原、草地或草山。我国的牧区、半牧半农区、农业区有较大面积的草地或草山，均可采用全年放牧。但最近几年国家实行封山禁牧，使放牧转为圈养。牧区的放牧方式有自由放牧和划区轮牧两种。

①自由放牧。自由放牧是传统方式，即根据地形、气候、草质和水源，把天然牧场分为春、夏、秋、冬四季或三季或两季牧场，按季轮流放牧。不同季节，由于气候特征、草质草量和羊群的体况不同，要分情况、区别对待。

每年12月至翌年4月，因气候多变、寒冷，羊可采食的牧草少，且母羊大多处在妊娠或产羔哺乳期。要选择在羊舍附近、背风向阳的草场放牧，以便气候突变时能及时将羊群赶回羊舍补饲。为安全渡过关键时期，放牧要晚出早归，出牧前给羊群补饲干草。无补饲条件的，每天先把羊群赶到有枯草的地方放牧，然后再放到有青草的地方。

清明过后，天气逐渐转暖，牧草返青，放牧要早出晚归，逐步加大放牧距离，让羊尽量吃饱。

5—11月的夏秋季节，牧草丰茂且开花结籽，营养价值高，是抓膘的好时机，但天气炎热，树林蚊虫多，对放牧不利。因此应选择在山顶或地势较高、饮水方便、通风良好的草地放牧。放牧要早出晚归，中午因天热，应把羊赶到圈里或通风、竹林较密的地方休息。蚊虫在傍晚时活动猖獗，16：00后应将羊群赶到开阔通风的地方放牧，或赶到其他草地上放牧，不要在低洼潮湿的地方放牧。

霜降过后，天气转凉，为防止羊吃霜露草，应晚出早归，中午不休息。

有条件的养羊户，最好做到公母、成幼分群放牧。对于混群放牧的羊群，在放牧时要管好公羊，注意照顾好妊娠母羊和羔羊。放牧时要稳走、慢赶，出入圈门时要防止拥挤。刚出牧时要采取“一条鞭”放牧法，到达放牧地待羊群自然散开自动吃草时，改为“满天星”放牧法。放牧时要经常查看羊群，发现卧地休息的羊要勤加赶动，促其多采食，尤其是羔羊，以防受凉而引发感冒和腹泻。同时要注意观察母羊发情情况，发情后要及时配种。

②划区轮牧。划区轮牧是将每块草地划分成十几个或几十个小区实行轮牧。为合理利用草地资源，提高载畜量，减少寄生虫病感染机会，放牧要依据地形地势及不同季节中牧草生长情况，利用坑沟、山岭、道路等把草地划分成若干片区，每个片区放牧3～5 d，然后让草地休养30～40 d后再重新轮回放牧利用。一般草地每667 m^2每天可供放牧2～3只羊，经套种牧草的每667 m^2每天可放牧5～7只羊。

各类羊都适于采用放牧饲养，并根据羊群的情况分别补草、补料，因此放牧饲养同样需要各种羊舍及相应配套设备。

(2) 套种牧草。草地以禾本科牧草为主，缺乏豆科牧草，而且豆科牧草产量较低、品质较差。因此宜在草地里套种豆科牧草，以提高载羊量。一般新建植的草地可套种产量高的紫花苜蓿、杂交狼尾草等，老草地可结合 2～3 年/次的秋冬季节垦复机会，在行与行的空隙中套种较耐阴的白三叶、多年生黑麦草等。

(3) 保证充足的饮水和补盐。山羊的日饮水量为 3～5 L。供饮用的水质要洁净，同时要避免羊空腹饮水和饮用污水、冰碴水，尤其是妊娠母羊和羔羊。最好是上午放、下午饮，冬季饮温水，夏季饮井水。山羊每只每日需食盐 5～15 g，食盐可单独放在食槽或专用盐槽里让羊自由舔食，也可加入精饲料中或饮水中搅拌均匀。

(4) 适当补饲。除四季放牧外必须补饲，尤其是配种季节的种公羊、妊娠及哺乳母羊和羔羊，不能单纯依靠放牧，必须给予适当补饲，增加营养。补饲除补给精饲料外，还要添加矿物质，以及干草、青绿饲料等。补饲要做到草在出牧前、料在归牧后；料入槽，草上架，少喂勤添，不喂发霉变质、冰冻料草。

3. 半舍饲半放牧饲养 这是介于放牧饲养和舍饲饲养之间的一种饲养方式，大多是由于放牧地面积不足或草场质量较差而采用的。一般是在夏秋季节白天放牧、晚间补饲；冬春两季以舍饲为主。采取这种方式，要求具有较完备的羊舍建筑和设施。

(二) 肉用羊的强度育肥

肉用羊的肥育是为了在短时间内用低廉的成本，获得品质好、数量多的羊肉；也是为了提高肉用羊的屠宰率，改善羊肉的品质。从生产者的角度讲，是为了使羊的生长发育、遗传潜力在短时间内完全发挥，降低养羊者的生产成本、提高经济效益。

1. 育肥前对羊的处理

(1) 对羊进行健康检查，无病者方可进行育肥。

(2) 把羊按年龄、性别和品种进行分类组群。

(3) 对羊进行驱虫、药浴、防疫注射和修蹄。

(4) 对 8 月龄以上的公羊进行去势，使羊肉不产生膻味和有利于育肥。但是对 8 月龄以下的公羊不必去势，因为不去势公羊比去势羔羊出栏体重高 2.3 kg 左右，且出栏日龄提前 15 d 左右，羊肉的味道也没有差别。

(5) 育肥前对羊进行称重，以便与育肥结束时的称重进行比较，检验育肥的效果和效益。

(6) 被毛较长的羔羊在屠宰前 2 个月如能剪一次羊毛，不仅不会影响宰后皮张的品质和售价，还能多获得 2 kg 左右的羊毛，增加收益，而且也更有利于育肥。

2. 育肥应遵循的原则

(1) 合理供给饲粮。根据饲养标准，结合育肥羊自身的生长发育特点，确定肉用羊的饲粮组成、日粮供应量或补饲定额，并结合实际的增重效果及时进行调整。

(2) 突出经济效益，不要盲目追求日增重最大化，尤其在舍饲肥育条件下，最大化的肉用羊增重往往是以高精饲料日粮为基础的，肉用羊日增重的最大化并不一定意味着可获得最佳经济效益。因此在设定预期肥育强度时，一定要以最佳经济效益为唯一尺度。

(3) 合理组织生产，适时屠宰肥育羊。根据肥育羊开始时所处生长发育阶段，确定肥育期的长短。过短则肥育效果不明显，过长则饲料转化率低，经济上不合算。因此，肉用羊经过一定时间的肥育达到一定体重时，要及时屠宰或上市，而不要盲目追求羊的最大体重。因地制宜地确定肉用羊肥育规模，在当地条件下，按照市场经济规律，寻求最佳经济效益。

3. 羔羊育肥　近年来，我国推行羔羊当年肥育、当年屠宰，这是增加羊肉产量、提高养羊业经济效益的重要措施。

（1）育肥前的准备。羔羊 1.5 月龄断乳，断乳前 15 d 实行隔栏补饲；或在早、晚将母羊与羔羊分开，让羔羊在设有精料槽和饮水器的圈内活动，其余时间仍母子同处。补饲的饲料应与断乳后育肥饲料相同。谷料在刚开始补饲时可以稍加破碎，待习惯后则以整粒饲喂为宜，不要加工成粉状。羔羊活动的地面应干燥、防雨、通风良好，可铺少许垫草。羔羊育肥常见传染病有肠毒血症和出血性败血症，肠毒血症疫苗可在产羔前给母羊注射或在断乳前给羔羊注射。

（2）配制育肥用日粮。任何一种谷物类饲料都可用来育肥羔羊，但效果最好的是玉米等高能量饲料。实践证明，整粒料比破碎谷物饲料育肥效果好，配合饲料比单独饲喂某一种谷物饲料育肥效果好，主要表现在饲料转化率高和肠胃病少。参考饲料配方：整粒玉米 83%，黄豆饼 15%，石灰石粉 1.4%，食盐 0.5%，维生素和微量元素 0.1%。其中，维生素和微量元素的添加量按每千克饲料计算为：维生素 A、维生素 D、维生素 E 分别是 5 000 IU、1 000 IU、200 mg，硫酸钴 5 mg，碘酸钾 1 mg。若没有黄豆饼，可用 18%花生饼代替，同时把玉米比例调整为 80%。

（3）饲喂技术。羔羊自由采食、自由饮水。投给饲料最好采用自制的简易自动饲槽，以防止羔羊四蹄踩入槽内造成饲料污染而降低饲料摄入量，扩大球虫病与其他病菌的传播范围。饲槽高度应随羔羊日龄增长而提高，以槽内饲料不堆积或不溢出为宜。如发现某些羔羊啃食圈栏时，应在运动场内添设盐槽，槽内放入食盐或食盐加等量的石灰石粉，让羔羊自由采食。注意在羔羊采食整粒玉米的初期，有玉米粒从口中吐出，随着日龄的增长，玉米粒吐出现象逐渐消失。羔羊反刍动作初期少、后期多，这些都属于正常现象，不影响育肥效果。在正常情况下，羔羊粪便呈团状，黄色，粪团内无玉米粒，但在天气变化或阴雨天，羔羊可能出现腹泻。育肥全期不变更饲料配方。

（4）适时出栏。羔羊育肥期为 50 d。但育肥终重与品种有关，大型品种羔羊 3 月龄育肥终重可达到 35 kg 以上。细毛羔羊和非肉用品种的育肥终重与 1.5 月龄断乳重有关，一般断乳重在 13～15 kg 时，育肥 50 d 体重可达到 30 kg 以上。

（5）肥羔生产的技术措施。

①开展经济杂交。这是增加羔羊肉产量的一种有效措施。其既能提高羔羊的初生重、断乳重、出栏重、成活率、抗病力、生长速度、饲料转化率，又能提高成年羊的繁殖力与产毛量等生产性能。在经济杂交中，利用 3～4 个品种间的多元杂交可以获得最大的杂种优势。

②早期断乳。实质上是控制哺乳期，缩短母羊产羔间隔和控制母羊繁殖周期，达到 1 年 2 胎或 2 年 3 胎，多胎多产的一项重要技术措施，是工厂化生产的重要环节。一般可采用两种方法：一是出生后 1 周断乳，然后用代乳品进行人工育羔；二是出生后 7 周左右断乳，断乳后可全部饲喂植物性饲料或放牧。早期断乳必须让羔羊吃到初乳后再断乳，否则会影响羔羊的健康和生长发育。

③培育或引进早熟、高产肉用羊新品种。早熟、多胎、多产是肥羔生产集约化、专业化、工厂化的一个重要条件。

(6) 肥羔生产的优点。羔羊肉具有鲜嫩、多汁、精肉多、脂肪少、味美、易消化及膻味轻等优点，深受欢迎，国际市场需求量很大。羔羊生长速度快，饲料转化率高，成本低，收益高；在国际市场上羔羊肉的价格高，一般比成年羊肉高 30%～50%。羔羊当年屠宰，加快了羊群周转，缩短了生产周期，提高了出栏率和出肉率；减轻了越冬度春的人力和物力的消耗，避免了冬季掉膘甚至死亡的损失；改变了羊群结构，增加了母羊的比例，有利于扩大再生产，可获得更高的经济效益。

4. 成年羊快速育肥 大多数投入育肥的成年羊一般都是从繁殖群清理出来的淘汰羊，常常在 6—7 月，待剪完毛后才能投入育肥。主要是为了在短期内增加膘度，使其迅速达到上市标准。所以除放牧外，都用高能量的精料补饲的混合育肥方式，经 45 d 左右育肥出栏。

(1) 选择体躯较大、健康无病、牙齿良好的羊育肥。此种育肥方式的典型日粮参考配方如下：

参考配方 1：禾本科干草 0.5 kg，青贮玉米 4.0 kg，碎谷粒 0.5 kg。此配方每千克日粮中含干物质 40.60%、粗蛋白质 4.12%、钙 0.24%、磷 0.11%、代谢能 17.974 MJ。

参考配方 2：禾本科干草 1.0 kg，青贮玉米 0.5 kg，碎谷粒 0.7 kg。此配方每千克日粮中含干物质 84.55%、粗蛋白质 7.59%、钙 0.6%、磷 0.26%、代谢能 14.379 MJ。

参考配方 3：青贮玉米 4.0 kg，碎谷粒 0.5 kg，尿素 10 g，秸秆 0.5 kg。此配方每千克日粮中含干物质 40.72%、粗蛋白质 3.49%、钙 0.19%、磷 0.09%、代谢能 17.263 MJ。

参考配方 4：禾本科干草 0.5 kg，青贮玉米 3 kg，碎谷粒 0.4 kg，多汁饲料 0.8 kg。此配方每千克日粮中含干物质 40.64%、粗蛋白质 3.83%、钙 0.22%、磷 0.1%、代谢能 15.884 MJ。

(2) 有饲料加工条件的地区饲养的肉用成年羊或羯羊可利用颗粒饲料。颗粒饲料中，秸秆和干草粉可占 60%～65%，精料占 35%～40%。现推荐两个典型日粮配方，供参考：

参考配方 1：草粉 35%，秸秆 44.5%，精料 20%，磷酸氢钙 0.5%。此配方每千克日粮中含干物质 86%、粗蛋白质 7.2%、钙 0.48%、磷 0.24%、代谢能 6.897 MJ。

参考配方 2：禾本科草粉 30%，秸秆 44.5%，精料 25%，磷酸氢钙 0.5%。此配方每千克日粮中含干物质 86%、粗蛋白质 7.4%、钙 0.49%、磷 0.25%、代谢能 7.106 MJ。

为提高育肥效益，应充分利用天然牧草、秸秆、树叶、农副产品及各种下脚料，扩大饲料来源。合理利用尿素及各种添加剂。成年羊日粮中，尿素喂量每 10 kg 体重 2～3 g，矿物质和维生素可占到精料的 3%。

(3) 安排合理的饲喂制度。成年羊日粮的日喂量依配方不同而有差异，一般为 2.5～2.7 kg。每天投料 2 次，日喂量的分配与调整以饲槽内基本不剩料为标准。喂颗粒饲料时，最好采用自动饲槽投料，雨天不宜在敞圈饲喂，午后应适当喂些青干草，每只 0.25 kg，以利于反刍。

5. 当前提高羊肉生产的关键技术 在我国养羊地区，一般草场产草量呈季节性不平衡，冬春产草量不足。为此可发展季节性畜牧业，推行羔羊当年育肥出栏的措施。当前存在的问题是出栏羔羊体重较轻，屠宰率低，胴体品质差，不能满足消费者的需求。因此如何适应消费者的要求，生产出胴体大、品质好的羔羊，是目前肉用羊业亟待解决的问题。具体可采取以下关键技术：

(1) 推行杂交。利用地方良种和引入良种杂交生产肥羔，当年出栏，既利用了杂种优势，也保存了地方品种的优良特性。引入品种进行二元或三元杂交，主要是为了提高产羔率和肉用性能。杂交后代羔羊均表现出生长发育快、早熟性能好、产肉多等优点。

（2）确定合适的配种时间，集中配种。我国大部分地区羊合适的配种时间在9月，翌年2月产羔，5月断乳时羔羊刚好吃上青草。8月底将公羊放入母羊群中进行诱情，可促进母羊集中发情和配种，从而使翌年产羔集中，便于分群管理。

二、繁殖羊的饲养管理

不同的饲养方式采取不同的饲养管理方法。集约化、规模化饲养常用舍饲和半舍饲饲养。

（一）种公羊的饲养管理

种公羊的饲养管理要求比较精细，维持中上等膘情，力求常年保持健壮的繁殖体况。配种季节前后应保持较好膘情，使其配种能力强、精液品质好，提高利用率。种公羊的饲料要求营养含量高，有足量优质的蛋白质、维生素A、维生素D以及无机盐等，并且容易消化、适口性好。可因地制宜、就地取材，力求饲料多样化，合理搭配，以使营养齐全。种公羊的日粮应根据非配种期和配种期的不同饲养标准来配合，再结合种公羊的个体差异做适当调整。

1. 非配种期种公羊的饲养管理 非配种季节要保证能量、蛋白质、维生素和矿物质等的充分供给。一般来说，在早春和冬季没有配种任务时，体重80～90 kg的种公羊每天需150 g左右的可消化蛋白质。每只羊每日饲喂混合精料0.5 kg、干草3 kg、胡萝卜0.5 kg、食盐5～10 g、骨粉5 g。

非配种期种公羊每天要运动2～3 h，保持较好体质，给予充足的饮水。对初次配种的公羊进行调教。

2. 配种期种公羊的饲养管理 配种期每生产1 mL的精液需可消化粗蛋白质50 g。此外，激素和各种腺体的分泌物以及生殖器官的组成也离不开蛋白质，同时维生素A和维生素E与精子的活力和精液品质有关。只有保证种公羊充足的营养供应，才能使其性欲旺盛，精子密度大、活力强，母羊受胎率高。一般应从配种预备期（配种前1～1.5个月）开始增加精料给量，一般为配种期饲养标准的60%～70%，然后逐渐增加到配种期的标准。同时在配种预备期采精10～15次，检验精液品质，以确定其利用强度。

在配种期内，体重80～90 kg的种公羊每天需要250 g以上的可消化蛋白质，并且根据日采精次数的多少，相应地调整常规饲料及其所需饲料（如牛乳、鸡蛋等）的定额。一般可按混合精料1.2～1.4 kg、青干草2 kg、胡萝卜0.5～1.5 kg、食盐15～20 g、骨粉5～10 g的标准喂给。

种公羊配种前1～1.5个月开始采精，同时检查精液品质。开始时1周采精1次，以后增加到1周2次，然后2 d 1次，到配种时每天可采1～2次。对小于18月龄的种公羊每天采精次数不得超过2次，且不要连续采精；2.5岁以上的种公羊每天可采精3～4次，最多6次。采精次数多时，每次间隔需在2 h左右，使种公羊有休息时间。公羊采精前不宜吃得过饱。对精液密度较低的种公羊，日粮中可加一些动物性蛋白质，如鱼粉、发酵血粉等，同时要加强运动，特别是对精子活力较差的种公羊加强运动。

（二）母羊的饲养管理

母羊的饲养管理包括空怀期、妊娠期和哺乳期三个阶段。

1. 空怀期的饲养管理 空怀期是指羔羊断乳到配种受胎前这一时期。此期的营养好坏直接影响配种、妊娠状况。为此，应在配种前1个月按饲养标准配制日粮进行短期优饲，优饲日粮喂量应逐渐减少，受精卵着床期间营养水平骤然下降会导致胚胎死亡。

空怀期母羊应根据膘情进行分群饲养管理，膘情差的羊除增加精料饲喂量外，要精心管理，保持圈舍清洁、干燥，使其尽早达到配种时的膘情要求。

2. 妊娠期的饲养管理 母羊的妊娠期平均为150 d，分为妊娠前期和妊娠后期。妊娠前期是受胎后前3个月，胎儿绝对生长速度较慢，所需营养少，但营养要全面、均衡。

妊娠后期是妊娠的最后2个月，此期胎儿生长迅速，90%的初生重在此期完成。此期的营养水平至关重要，它关系到胎儿发育、羔羊初生重、母羊产后泌乳力、羔羊出生后生长发育速度及母羊下一繁殖周期。因此在该期能量代谢水平比空怀期高17%～25%，蛋白质的需要量也要增加。妊娠后期母羊每日可沉积20 g蛋白质，加上维持所需，每天必须由饲料中供给可消化粗蛋白质40 g。整个妊娠期蛋白质的蓄积量为1.8～2.3 kg，其中80%是在妊娠后期蓄积的。妊娠后期每日沉积钙、磷量为3.8 g和1.5 g。因此妊娠后期的饲养标准应比前期每天增加30%～40%，增加可消化蛋白质40%～60%，增加钙、磷1～2倍。但值得注意的是此期母羊如果养得过肥，也易出现食欲不振，反而使胎儿营养不良。

妊娠母羊要严禁饲喂发霉、变质、冰冻或其他异常饲料，禁忌空腹饮冰渣水。日常管理中禁忌惊吓、急跑、跳沟等剧烈动作，特别是在出入圈门时，要防止互相挤压。母羊在妊娠后期不宜进行防疫注射。

3. 哺乳期的饲养管理 哺乳期大约90 d，一般将哺乳期划分为哺乳前期和哺乳后期。哺乳前期是羔羊生后前2个月，其营养来源主要靠母乳。羔羊每增重1 kg需耗母乳5～6 kg，为满足羔羊快速生长发育的需要，必须提高母羊的营养水平，提高泌乳量。饲料应尽可能多地提供优质干草、青贮饲料及多汁饲料，饮水要充足。

哺乳后期母羊泌乳量下降，而羔羊的日采食量增大，羔羊通过增加采食饲料量满足营养需要。因此，应逐渐减少母羊的日粮量，羔羊断奶前1周，减少多汁饲料、青贮饲料和精料的补饲量，减少泌乳量以防乳腺发炎。

（三）羔羊的饲养管理

羔羊生长发育速度快，可塑性大，合理地进行羔羊的培育可促使其充分发挥先天的性能，又能加强其对外界条件的适应能力，有利于个体发育、提高生产力。精心培育的羔羊体重可提高29%～87%，经济收入可增加50%。初生羔羊体质较弱、抵抗力差、易发病，搞好羔羊的护理工作是提高羔羊成活率的关键。羔羊的饲养管理要点如下：

1. 尽早吃足初乳 初乳是指母羊产后3～5 d分泌的乳汁，其乳质稠、营养丰富，易被羔羊消化，是任何食物不可代替的食料。同时，初乳中富含镁盐，镁离子具有轻泻作用，能促进胎粪排出，防止便秘；初乳中还含有较多的免疫球蛋白和白蛋白以及其他抗体和溶菌酶，对抵抗疾病、增强体质具有重要作用。

在羔羊初生后半小时内应该保证其吃到初乳，对吃不到初乳的羔羊，最好能让其吃到其他母羊的初乳，否则其很难成活。对不会吃乳的羔羊要进行人工辅助。

2. 编群 羔羊出生后对母、羔羊进行编群。一般可按出生天数来分群，生后3～7 d母子在一起单独管理，可将5～10只母羊合为一小群；7 d以后，可将产羔母羊10只合为一群；20 d以后，可大群管理。分群原则是：羔羊日龄越小，羊群就要越小，日龄越大，组群就越大，同时还要考虑到羊舍大小、羔羊体质强弱等因素。在编群时，应将发育相似的羔羊编群在一起。

3. 羔羊的人工喂养　多羔母羊或泌乳量少的母羊的乳汁不能满足羔羊的需要，应对其羔羊进行补喂。可用牛乳、羊乳粉或其他流动液体食物进行喂养，当用牛乳、羊乳喂羔羊，要尽量用鲜乳，因新鲜乳味道及营养成分均好，且病菌及杂质也较少，用乳粉喂羊时应该先用少量冷开水，把乳粉溶开，然后再加热水，使总加水量达乳粉总量的5～7倍。羔羊越小，胃也越小，乳粉兑水量应该少。有条件可加些植物油、鱼肝油、胡萝卜汁及多种维生素，微量元素、蛋白质等。也可喂其他流体食物如豆浆、小米汤、代乳粉或婴幼儿米粉。这些食物在饲喂前应加少量的食盐及骨粉，有条件的再加些鱼油、蛋黄及胡萝卜汁等。

4. 补喂　补喂关键是做好“四定”，即定人、定时、定温、定量，同时要注意卫生条件。

（1）定人。就是自始至终固定专人喂养，使饲养员熟悉羔羊生活习性，掌握吃饱程度、食欲情况及健康情况。

（2）定时。是指每天固定时间对羔羊进行饲喂，轻易不变动。初生羔羊每天喂6次，每隔3～5 h喂1次，夜间可延长时间或减少次数。10 d以后每天喂4～5次，到羔羊吃料时可减少到3～4次。

（3）定温。是要掌握好人工乳的温度，一般冬季喂1月龄内的羔羊，乳温35～41℃，夏季可低些。随着日龄的增长，乳温可以降低。一般可用乳瓶贴到脸上，不烫不凉即可。温度过高不仅伤害羔羊，而且羔羊容易发生便秘；温度过低往往容易发生消化不良，如腹泻、鼓胀等。

（4）定量。是指限定每次的喂量掌握在七成饱的程度，切忌过饱。具体给量可按羔羊体重或体格大小来定。一般全天给乳量相当于初生重的1/5为宜。喂给粥或汤时，应根据浓度定量。全天喂量应低于喂乳量标准。最初2～3 d先少给，待羔羊适应后再加量。

5. 人工乳粉配制　有条件的羊场可自行配制人工乳粉或代乳粉。人工合成乳粉的主要成分是脱脂乳粉、牛乳、乳糖、玉米淀粉、面粉、磷酸钙、食盐和硫酸镁 。用法：先将人工乳粉加少量不高于40℃的温开水摇晃至全溶，然后再加水。温度保持在38～39℃。一般4～7 d的羔羊需200 g人工合成乳粉，加水1 000 mL。

6. 代乳粉配制　代乳粉的主要成分有大豆、花生、豆饼类、玉米面、可溶性粮食蒸馏物、磷酸二钙、碳酸钙、碳酸钠、食盐和氧化铁。可按代乳粉30%、玉米面20%、麸皮10%、燕麦10%、大麦30%的比例溶解成液体喂给羔羊。代乳粉配制可参考下述配方：面粉50%、乳糖24%、油脂20%、磷酸氢钙2%、食盐1%、特制料3%。将上述物品（特制料除外）按比例标准在锅内炒制混匀即可。使用时以1∶5的比例加入40℃开水调成糊状，然后加入3%的特制料，搅拌均匀即可饲喂。

7. 提供良好的卫生条件　卫生条件是培育羔羊的重要环节，保持良好的卫生条件有利于羔羊的生长发育。舍内最好垫一些干净的垫草，室温保持在5～10℃。

8. 加强运动　运动可使羔羊增加食欲、增强体质、促进生长和减少疾病，为提高其肉用性能奠定基础。随着羔羊日龄的增长，逐渐加长在运动场的运动时间。

以上各关键环节，任一环节出现差错都可导致羔羊患病，从而影响羔羊的生长发育。

9. 断乳　采用一次性断乳法，断乳后将母羊移走，羔羊继续留在原舍饲养，尽量为羔羊保持原来的环境。

(四) 育成羊的饲养管理

育成羊是指由断乳至初配的公母羊，即 4～18 月龄的公母羊。越冬期正是生长发育的旺盛时期，在良好饲养条件下，育成羊会有很高的增重能力。

公母羊对饲养条件的要求和反应不同，公羊生长发育较快，同化作用强，营养需要较多，对丰富饲养具有良好的反应，如营养不良则发育不如母羊。对严格选择的后备公羊更应提高饲养水平，保证其充分生长发育。

(五) 日常管理技术

参考毛用羊的一般管理。

三、肉用羊产肉性能测定

羊的肉用性能测定主要为胴体性能测定，常用指标有：

1. 胴体重 胴体重指屠宰放血后，剥去毛皮，除去头、内脏及前肢膝关节和后肢跗关节以下部分后而留下的整个躯体（包括肾脏及其周围脂肪）静置 30 min 后的重量。

2. 净肉重 净肉重指用温胴体精细剔除骨头后余下的净肉重量。要求在剔肉后的骨头上附着的肉量及耗损的肉屑量不能超过 300 g。

3. 屠宰率 屠宰率指胴体重与屠宰前空腹 24 h 后活重之比，用百分率表示。

$$屠宰率=\frac{胴体重}{宰前活重}\times 100\%$$

4. 净肉率 一般指胴体净肉重占宰前活重的百分比。若胴体净肉重占胴体重的百分比，则为胴体净肉率。

$$净肉率=\frac{净肉重}{宰前活重}\times 100\%$$

$$胴体净肉率=\frac{净肉重}{胴体重}\times 100\%$$

5. 骨肉比 骨肉比指胴体骨重与胴体净肉重之比。

6. 眼肌面积 测量倒数第 1 与第 2 肋骨之间脊椎上眼肌（背最长肌）的横切面积，因为它与产肉量呈高度正相关。测量方法：一般用硫酸绘图纸描绘出眼肌横切面的轮廓，再用求积仪计算出面积。如无求积仪，可用下面公式估测：

眼肌面积＝眼肌高度（cm）×眼肌宽度（cm）×0.7

7. *GR* 值 *GR* 值指在第 12 与第 13 肋骨之间距背脊中线 11 cm 处的组织厚度，作为代表胴体脂肪含量的标志（图 5-25）。

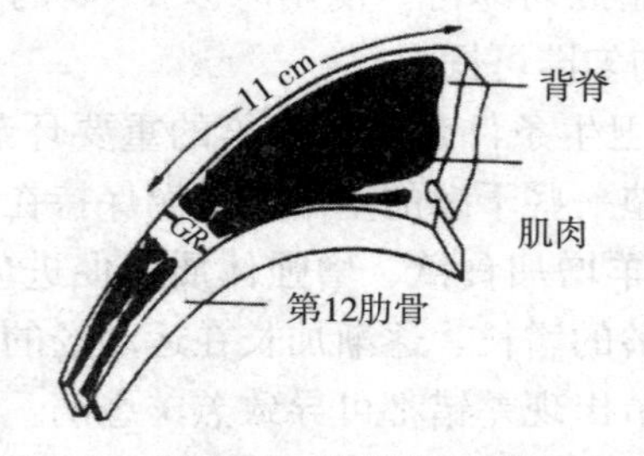

图 5-25 测定 *GR* 值部位示意图（cm）

复 习 题

一、填空题

1. 萨福克羊体质结实，结构轻盈。头和四肢为黑色的称________萨福克羊，头和四肢为白色的称________萨福克羊。杜泊羊分为________杜泊羊和________杜泊羊两种。

2. 我国培育的第一个肉用山羊品种为________。

3. 母羊的饲养管理包括________期、________期和________期三个阶段。

二、简述题

1. 简述肥羔生产的优点。

2. 肉用羊育肥前应做好哪些准备？

绒用羊生产技术

◆【项目导学】

山羊绒有“纤维宝石”“纤维皇后”和“软黄金”之称号，十分珍贵。但是山羊的产绒量低，怎样才能提高山羊的产绒量？通过这个项目学习你会找到答案。

◆【项目目标】

1. 能说出山羊绒的特性和我国主要绒山羊品种的名称、突出特点。
2. 会依据体型外貌特征识别我国主要绒山羊品种。
3. 掌握成年公母羊、育成羊及羔羊饲养管理方面的相关知识。

任务一 绒山羊品种

任务导入

市民李女士日前准备给家里人买几件过冬的衣服，考虑良久之后决定选购羊绒制品。某商场工作人员热情地给李女士推荐了几款流行的衣服，并称是“羊绒”制品。李女士当场就选购了两件。

然而就在李女士买回家给丈夫和儿子试穿后，他们都出现了皮肤痒的症状。李女士于是请来在某制衣厂工作的朋友进行判定，朋友明确告诉李女士，李女士买的是羊毛衫，而且还是做工很一般的货。气愤的李女士当时就跑去商场退货，可是店员一再狡辩这是“羊绒”。

究竟什么是羊绒？它有什么特性？羊绒是哪些羊生产的？请看下面介绍。

一、山羊绒的特性

山羊绒是生长在山羊外表皮层、掩在山羊粗毛根部的一层薄薄的细绒，入冬寒冷时长出，以抵御风寒，春季转暖后脱落，以适应自然气候，属于稀有的特种动物纤维。山羊绒质地纤细，绒纤维直径一般在8～25μm，绒长2.5～16.6 cm。其手感柔软而光滑，无弯曲，拉力强，富有弹性，光泽明亮而易着色，隔热性强。其织品具有轻、暖、柔、滑的特点，是毛纺工业的高级原料，故羊绒的价格昂贵，而绵羊长不出羊绒，一般市场上所谓的绵羊绒其实就是羊毛，手感粗糙发硬。真正的羊绒制品可以贴身穿着，而羊毛制品贴身穿会感觉刺痒，两者根本不在一个档次上。

由于亚洲克什米尔地区在历史上曾是山羊绒向欧洲输出的集散地，所以国际上习惯称山羊绒为“克什米尔”，中国采用其谐音“开司米”。我国是羊绒生产大国，也是羊绒出口大国，羊绒每年可以为国家创造外汇十几亿美元。

二、绒山羊品种及利用

山羊绒来自绒山羊。我国绒山羊品种资源丰富，以下重点介绍几个代表性品种。

（一）辽宁绒山羊

辽宁绒山羊原产于辽宁省辽东半岛及周边地区，是我国产绒量多、质量好的绒肉兼用型地方品种。1989 年收录于《中国羊品种志》。

1. 体型外貌　辽宁绒山羊头轻小，额顶有毛，颌下有髯。公、母羊均有角，公羊角发达，由头顶部向两侧呈螺旋形平直伸展，母羊多板角，向后上方伸展（图 6-1）。颈宽厚，颈肩结合良好，背腰平直，后躯发达，四肢粗壮、坚实有力。尾短瘦，尾尖上翘。毛被全白色，外层为粗毛，具有丝光光泽，毛长而无弯曲，内层由纤细柔软的绒毛组成。

图 6-1　辽宁绒山羊

2. 生产性能

（1）生长发育。成年辽宁绒山羊的体重和体尺见表 6-1。

表 6-1　成年辽宁绒山羊的体重和体尺

（引自国家畜禽遗传资源委员会，中国畜禽遗传资源志・羊志，2011）

性别	只数	体重（kg）	体高（cm）	体长（cm）	胸围（cm）	胸宽（cm）	胸深（cm）
公	85	81.7±4.8	74.00±4.24	82.10±5.26	99.60±5.27	30.50±2.11	37.65±2.06
母	1 500	43.2±2.6	61.80±3.18	71.50±1.96	82.80±3.77	20.95±1.95	30.95±1.46

（2）产绒性能。辽宁绒山羊成年羊产绒量及羊绒物理性状见表 6-2。

表 6-2　辽宁绒山羊成年羊绒性能

（引自国家畜禽遗传资源委员会，中国畜禽遗传资源志・羊志，2011）

性别	只数	产绒量（g）	绒自然长度（cm）	绒细度（μm）	净绒率（%）
公	85	1 368±193	6.8	16.7±0.9	74.77±8.15
母	1 500	641±145	6.3	15.5±0.77	79.20±7.95

（3）产肉性能。辽宁绒山羊的产肉性能见表 6-3，由辽宁绒山羊原种场测定。

表 6-3　辽宁绒山羊产肉性能

（引自国家畜禽遗传资源委员会，中国畜禽遗传资源志・羊志，2011）

月龄	性别	宰前活重（kg）	胴体重（kg）	屠宰率（%）	净肉率（%）	肉骨比
12	公	25.00	11.25	45.00	36.04	4.02∶1
	母	25.67	11.04	43.01	30.78	3.11∶1

（4）繁殖性能。辽宁绒山羊公、母羊5～7月龄性成熟，15～18月龄初配。母羊常年发情，多集中在10月下旬至12月中旬，发情周期17～20 d，发情持续期24～48 h，妊娠期147～152 d，产羔率115%。羔羊初生重公羔3.05 kg、母羔2.86 kg；羔羊成活率96.5%。

3. 评价与利用 辽宁绒山羊是我国优秀的绒用山羊品种，其突出的特点是体格大、产绒量高、绒综合品质好、适应性强、遗传性能稳定，被誉为“国宝”。在我国品种保护名录中，辽宁绒山羊被列为需要重点保护的各类羊之首，也是我国政府规定禁止出境的少数几个品种之一。

辽宁绒山羊由于具有卓越的生产性能和独特的种质特性，受到了我国北方广大绒山羊产区农牧民的青睐。作为主要父本，参与了我国罕山白绒山羊、陕北白绒山羊、柴达木白绒山羊和新疆博格达绒山羊等绒山羊品种的育成，同时，还被全国17个省份114个县（旗）大批引入，用以改良当地山羊，并取得了显著效果，对全国绒山羊改良和促进我国绒山羊产业发展做出了重大贡献。在许多地方用辽宁绒山羊作为一个扶贫项目对边远贫困山区的农民进行扶贫，使农民脱贫致富。如2016年5月，山西省河曲县沙泉镇李家沟村等8乡11村利用中央扶贫资金592.1万元，从辽宁省盖州市引进了辽宁绒山羊公羊158只、母羊5 447只，用于村民养羊脱贫。

（二）内蒙古绒山羊

内蒙古绒山羊原产于内蒙古自治区西部，分为阿尔巴斯型、二狼山型和阿拉善型，属绒肉兼用型地方品种。自20世纪60年代开始，经过多年本品种选育和联合育种，1988年内蒙古自治区政府将3个类型的羊合并命名为内蒙古绒山羊。1989年收录于《中国羊品种志》。

1. 体型外貌 内蒙古绒山羊全身被毛纯白，分内外两层，外层为光泽良好的粗毛，内层为柔软纤细的绒毛。根据外层粗毛的长短，又分长毛型和短毛型两类。长毛型毛长15～20 cm，短毛型毛长8～14 cm。

内蒙古绒山羊体躯呈长方形，体质结实，结构匀称，体格中等。公、母羊均有角，公羊角粗大，母羊角细小，两角向上向后向外伸展，呈扁螺旋状、倒“八”字形（图6-2）。头清秀，额顶有长毛，颌下有须。胸宽而深，背腰平直，四肢端正有力，蹄质结实。尾短而上翘。

图6-2 内蒙古绒山羊
（引自孟和，羊的生产与经营，2001）

2. 生产性能

（1）生长发育。内蒙古绒山羊不同类型羊的体重和体尺见表 6-4。

表 6-4　内蒙古绒山羊体重和体尺

（引自国家畜禽遗传资源委员会，中国畜禽遗传资源志·羊志，2011）

类型	性别	只数	体重（kg）	体高（cm）	体长（cm）	胸围（cm）
阿尔巴斯型	公	10	63.8±5.49	70.7±2.91	75.4±4.01	100.6±5.22
	母	26	29.85±3.03	59±6.47	61.69±9.27	76.69±8.55
二狼山型	公	50	47.8（30～75）	65.4（55～77）	70.8（58～90）	85.1（69～99）
	母	200	27.4（22～46）	56.4（46～65）	59.1（52～77）	70.7（66～84）
阿拉善型	公	20	42.15±4.88	66.55±4.25	71.55±5.92	81.4±4.47
	母	80	32.31±3.06	59.65±4.12	64.83±4.58	73.45±4.09

（2）产绒性能。内蒙古绒山羊不同类型成年羊的产绒性能见表 6-5。

表 6-5　内蒙古绒山羊产绒性能

（引自国家畜禽遗传资源委员会，中国畜禽遗传资源志·羊志，2011）

类型	性别	只数	产绒量（g）	绒自然长度（cm）	绒细度（μm）	净绒率（%）
阿尔巴斯型	公	20	1 014±129.43	8.4±1.38	16.51±0.83	42.06
	母	20	623±86.32	6.55±1.27	15.2±1.1	37.76
二狼山型	公	760	760±174	4.82±0.65	13.92±1.84	56.56
	母	415	415±78	4.35±0.55	14.2±1.82	50.04
阿拉善型	公	20	576±84.13	5.89±0.69	14.75±0.62	68.62
	母	80	404.5±76.97	5±0.57	14.76±0.56	66.89±6.58

（3）产肉性能。内蒙古绒山羊肉质细嫩、味道鲜美、膻味轻，肌间脂肪分布均匀。产肉性能见表 6-6。

表 6-6　内蒙古绒山羊产肉性能

类型	年龄	性别	只数	宰前活重（kg）	胴体重（kg）	屠宰率（%）	净肉率（%）	肉骨比
阿拉善型	成年	公	15	43.01±8.27	22.92±3.71	53.29	38.02	2.49：1
		母	20	32.31±5.07	14.28±3.26	44.20	32.60	2.81：1
二狼山型	12 月龄	公	—	24～32	10.8～14.4	44.9	34.3	3.2：1
		母	—	20～28	9.0～12.6	44.9	34.3	3.2：1

（4）繁殖性能。内蒙古绒山羊 6～8 月龄性成熟，18 月龄初配。母羊发情季节主要在 7—11 月，发情周期 18～21 d，发情持续期 48 h 左右，妊娠期 141～153 d，产羔率 105%左右。羔羊初生重公羔 2.5 kg、母羔 2.3 kg；羔羊成活率 92%～97%。

3. 评价与利用　内蒙古绒山羊遗传性能稳定，抗逆性强，耐粗饲，抗病力强，对半荒漠草原的干旱、寒冷气候具有较强的适应性。其羊绒细而洁白，光泽好，手感柔软而富有弹性，综合品质优良。在国际市场上被誉为珍品，1985—1987 年连续 3 年荣获意大利“柴格那”国际山羊绒奖。“鄂尔多斯”牌羊绒制品就是以内蒙古绒山羊的白绒为主要原料制成的，已成为驰名世界的品牌。

（三）陕北白绒山羊

陕北白绒山羊主要分布于陕西北部的榆林市和延安市各县（区），是以辽宁绒山羊为父本、陕北黑山羊为母本，经过 25 年的培育而形成的绒肉兼用型山羊品种。

图 6-3 陕北白绒山羊

（引自国家畜禽遗传资源委员会，中国畜禽遗传资源志·羊志，2011）

1. 体型外貌 陕北白绒山羊被毛为白色，体格中等。公羊头大、颈粗，腹部紧凑，睾丸发育良好。母羊头轻小，额顶有长毛，颌下有须，面部清秀，眼大有神。公、母羊均有角，角形以扁螺旋状、拧角为主（图 6-3）。公羊角粗大，呈螺旋式向上、向两侧伸展；母羊角细小，从角基开始，向上、向后、向外伸展，角体较扁。颈宽厚，颈肩结合良好。胸深背直。四肢端正，蹄质坚韧。尾瘦而短，尾尖上翘。母羊乳房发育较好，乳头大小适中。

2. 生产性能

（1）生长发育。陕北白绒山羊体重和体尺见表 6-7。

表 6-7 陕北白绒山羊体重和体尺

（引自国家畜禽遗传资源委员会，中国畜禽遗传资源志·羊志，2011）

年龄	性别	只数	体高（cm）	体长（cm）	胸围（cm）	体重	
						只数	(kg)
成年	公	243	62.3±5.95	68.4±9.89	81.6±8.15	292	41.2±6.20
	母	2 402	56.2±4.22	61.4±5.73	69.8±9.5	4 751	28.67±4.99
周岁	公	222	51.45±7.70	56.18±9.80	63.8±7.05	278	26.5±8.63
	母	1 383	51.26±4.89	53.92±5.88	60.97±6.57	1 454	21.2±5.03

（2）产绒性能。陕北白绒山羊产绒性能见表 6-8。

表 6-8 陕北白绒山羊产绒性能

（引自国家畜禽遗传资源委员会，中国畜禽遗传资源志·羊志，2011）

年龄	性别	只数	产绒量（g）	绒自然长度（cm）
成年	公	281	723.8±125.7	6.1±0.99
	母	4 866	430.37±76.8	4.96±1.03
周岁	公	274	448.38±101.93	4.95±0.91
	母	1 479	331.4±86.5	4.7±1.1

（3）产肉性能。陕北白绒山羊产肉性能见表 6-9。

表 6-9 陕北白绒山羊羯羊产肉性能

（引自国家畜禽遗传资源委员会，中国畜禽遗传资源志·羊志，2011）

月龄	只数	宰前活重（kg）	胴体重（kg）	屠宰率（%）	净肉重（kg）	净肉率（%）	肉骨比
18	10	28.55±5.70	11.93±2.80	41.79±3.4	9.36±2.5	32.5±1.4	3.9∶1
20	10	31.13±1.11	13.73±0.81	44.11	10.74±0.65	33.8±1.4	4.5∶1

（4）繁殖性能。陕北白绒山羊 7～8 月龄性成熟，母羊 1.5 岁、公羊 2 岁开始配种。母羊发情周期（17.5±2.7）d，发情持续期 23～49 h，一年产一胎，少部分羊两年产三胎，产羔率 105.8%。妊娠期（150.8±3.5）d；羔羊初生重公羔 2.5 kg、母羔 2.2 kg。

3. 评价与利用 陕北白绒山羊具有体质结实、绒纤维细长、产绒量高、耐粗饲、耐寒冷、抗风沙、适应性强、遗传性能稳定等特点。目前，陕北白绒山羊已被引入宁夏、甘肃、内蒙古、山西等地，对当地气候、饲草条件有较好的适应能力，羔羊生长发育快、成活率高，对当地山羊改良效果显著，产绒量明显提高。

（四）柴达木绒山羊

柴达木绒山羊主要分布在青海省海西蒙古族藏族自治州柴达木盆地周边德令哈、乌兰、都兰和格尔木等县（市），是以辽宁绒山羊为父本、柴达木山羊为母本，经过级进杂交育成的绒肉兼用型山羊品种。

图 6-4 柴达木绒山羊
（引自国家畜禽遗传资源委员会，中国畜禽遗传资源志·羊志，2011）

1. 体型外貌 柴达木绒山羊被毛纯白，外层有髓毛较长、光泽良好，内层密生无髓绒毛。体质结实，结构匀称、紧凑，侧视体躯呈长方形，后躯稍高，四肢端正而有力，面部清秀，鼻梁微凹。公、母羊均有角，公羊角粗大，向两侧呈螺旋形伸展，母羊角细小，向上方呈扭曲伸展（图 6-4）。

2. 生产性能

（1）生长发育。柴达木绒山羊体重和体尺见表 6-10。

表 6-10 柴达木绒山羊体重和体尺

（引自国家畜禽遗传资源委员会，中国畜禽遗传资源志·羊志，2011）

性别	年龄	只数	体重（kg）	体高（cm）	体长（cm）	胸围（cm）
公	1 岁	87	19.97±5.39	50.00±4.28	54.20±4.52	65.53±7.27
	成年	316	40.16±4.92	60.66±3.95	66.35±5.07	82.93±6.02
母	1 岁	1 240	16.97±8.49	47.92±3.68	51.86±6.36	61.25±8.50
	成年	1 070	29.62±5.42	56.12±3.98	61.42±5.09	75.55±4.84

（2）产绒性能。柴达木绒山羊产绒性能见表 6-11。

表 6-11 柴达木绒山羊产绒性能

（引自国家畜禽遗传资源委员会，中国畜禽遗传资源志·羊志，2011）

性别	年龄	只数	绒毛重量（g）	绒自然长度（cm）	绒细度（μm）	净绒率（%）
公	1岁	235	530±110	6.09±0.96	14.52±1.60	52.60±6.4
	成年	360	540±90	6.08±0.82	14.7±0.99	55.88±7.3
母	1岁	335	430±100	5.71±1.01	14.01±0.91	51.65±6.9
	成年	530	450±110	5.88±1.10	14.72±0.72	53.76±8.4

（3）产肉性能。柴达木绒山羊在自然放牧条件下的产肉性能见表 6-12。

表 6-12 柴达木绒山羊羯羊产肉性能

（引自国家畜禽遗传资源委员会，中国畜禽遗传资源志·羊志，2011）

年龄	宰前活重（kg）	胴体重（kg）	屠宰率（%）
成年羯羊	37.0	17.33	46.84
成年母羊	28.4	12.69	44.68
1.5岁羯羊	20.0	9.63	48.15
1.5岁母羊	17.0	7.7	45.29

（4）繁殖性能。柴达木绒山羊 6 月龄性成熟，母羊 1.5 岁初配，一般在 9—11 月配种、翌年 2—4 月产羔。母羊发情周期 18 d，发情持续期 24～48 h，妊娠期 142～153 d；成年母羊繁殖率 105%左右，羔羊繁殖成活率 85%左右。

3. 评价与利用 柴达木绒山羊具有耐粗饲、适应性强、体格匀称、产绒量高、绒质好的特点，不少地方已开始用该品种改良当地山羊品种，改良效果显著。柴达木绒山羊正在成为青海畜牧业中的优势畜种。

（五）晋岚绒山羊

晋岚绒山羊主产于山西省岢岚县、岚县、偏关县、静乐县、娄烦县等地，分布于吕梁山区及其周边市县，适合于在海拔 700～1 500 m 的山区养殖。

晋岚绒山羊是以辽宁绒山羊为父本、吕梁黑山羊（青背山羊类群）为母本，经杂交改良、横交固定和选育提高三个阶段培育出的遗传性能稳定、产绒量高、绒细度好、适应性强的绒山羊品种。它是我国继柴达木绒山羊、陕北白绒山羊之后培育的第三个绒山羊品种。

图 6-5 晋岚绒山羊

1. 体型外貌 晋岚绒山羊被毛全白色，外层为粗毛，具有丝光光泽，内层为致密的绒毛。体格中等，结实紧凑。头轻秀，额顶有明显的刘海样长毛，颌下有髯，眼大有神。公、母羊均有角（图 6-5），角形以拧角为主，成年后螺旋形明显；公羊角粗大，呈螺旋形向上、向外伸展；母羊角细小，从角基开始向上、向后、向外伸展，角体较扁。颈宽，胸深，背腰平直，四肢端正，蹄质坚韧。尾瘦而短，尾尖上翘。母羊的乳房和公羊的睾丸发育良好。

2. 生产性能

（1）产绒性能。晋岚绒山羊产绒性能见表 6-13。

表 6-13　晋岚绒山羊产绒性能

年龄	性别	产绒量（g）	绒细度（μm）	绒自然长度（cm）	绒伸直长度（cm）
成年	公	757.3	16.44	6.47	9.68
	母	485.2	14.81	5.18	7.49
周岁	公	650.1	15.29	5.62	8.16
	母	402.4	13.73	4.63	6.89

（2）繁殖性能。晋岚绒山羊母羔在 120 日龄时就有发情表现。在放牧条件下，母羊 7～8 月龄达到性成熟，公羊 9～10 月龄达到性成熟。

晋岚绒山羊母羊为季节性多次发情，自然发情一般在每年的 7 月到翌年的 2 月，公羊全年表现性欲，在 9—11 月性欲最强、精液品质最好。

在放牧条件下，母羊发情率 97.7%，受胎率 96.9%，双羔率 8.8%，产羔率 108.8%。舍饲条件下可实现两年三产。

3. 评价与利用　晋岚绒山羊是在气候干旱寒冷、风沙大、草场贫瘠的山区特殊生态条件下育成的，具有放牧性能强、耐粗饲、抗寒、抗风沙、抗病力强的特点。先后被山西省的阳曲县、黎城县、永和县等县区和内蒙古、河北、陕西等省份引入 1.5 万余只。引种人员普遍反映晋岚绒山羊对当地气候条件和饲草料条件有良好的适应能力，抗病力强，产羔正常，羔羊生长发育快，死亡率低，杂种后代产绒量显著提高，杂交改良效果良好，具有很好的推广价值。

任务二　绒山羊的饲养管理

任务导入

王东杰于 2009 年投资 6 万元购买 100 多只绒山羊饲养繁殖，到 2015 年规模已壮大到 1 200多只，靠饲养绒山羊发家致富。1 200 多只绒山羊可产绒 500 kg，每千克售价 180 元，仅绒一项即可收入 9 万多元，效益很可观。他饲养绒山羊致富的经验有两条比较突出：一是不断提高羊群的整体水平。为防止羊群近亲繁殖造成的品种退化，坚持每两年从省内外重新引进新的种公羊来替换原来所有的种公羊。这样，绒山羊的品质不断提高，产绒量也不断提高，其质量也很好，育成羊销售得快。二是狠抓成年母羊的饲养管理。

绒山羊的饲养管理应重点掌握哪些内容呢？请看下面介绍。

一、绒山羊的饲养

（一）种公羊的饲养

1. 非配种期的饲养　种公羊在非配种期，除放牧外，每天应补喂混合精料 0.5 kg、干草 3 kg、胡萝卜 0.5 kg。夏季以放牧为主，可少量补给精料，但青草不能喂得太多，以免造成“草腹”。

2. 配种期的饲养 种公羊在配种期间消耗营养和体力最多，日粮营养要全面，特别是蛋白质要量足质好。除放牧外，每日每只需饲喂混合精料 1.2～1.5 kg、苜蓿干草或其他优质干草 2 kg、胡萝卜 0.5～1.5 kg。分 2～3 次喂给。每日饮水 3～4 次。

配种期过后，日粮标准和饲养制度要逐渐过渡，不能变化太大。

（二）繁殖母羊的饲养

1. 配种准备期的饲养 在配种前一个半月要加强饲养，夏季选择牧草丰茂的草地放牧，延长放牧时间，使母羊采食尽可能多的青草，使其早日复壮，促进发情，冬季加强补饲，每天喂给混合精料 0.2～0.4 kg，提高受胎率和增加双羔率。

2. 妊娠期的饲养

（1）妊娠前期的饲养。妊娠前期胎儿较小，发育速度较慢，给予常规的饲养水平即可满足母羊的营养需要。进入枯草季节时，应补饲一定量的优质干草及精料，日粮中精料比例为 5%～10%。初配母羊的营养水平应略高于空怀母羊。

（2）妊娠后期的饲养。妊娠后期不宜喂给母羊大量体积大的粗饲料，应以体积较小、营养价值高的饲料为宜，精料补量每天为 0.25 kg，优质干草 2 kg，有条件的可补喂胡萝卜 0.3～0.5 kg。同时，妊娠母羊不能饲喂腐败、发霉或冰冻的饲料，也不能饲喂过多的青贮饲料，最好饮温水。

3. 哺乳期的饲养 母羊在哺乳期对蛋白质和无机盐的要求量比较高。一般每只母羊每天补饲优质干草 2 kg、精料 0.5 kg（双羔母羊要适当增加）、青贮饲料 2 kg、块根类多汁饲料 0.5 kg。

随着羔羊开始采食饲草料，母羊的营养标准可逐步降低。羔羊断乳前应逐渐减少母羊多汁饲料和精料喂量，防止发生乳腺炎。

（三）育成羊的饲养

1. 育成前期（4～8 月龄）的饲养 育成前期的羊生长发育快，但其瘤胃容积有限且机能尚不完善，对粗饲料的利用能力较弱，日粮应以精料为主，每天补给混合精料 0.7～1 kg，并补给优质干草和青绿饲料，日粮中粗纤维含量不能超过 20%。

2. 育成后期（9～18 月龄）的饲养 育成后期羊的瘤胃消化机能基本完善，可采食大量牧草和粗饲料，日粮中粗饲料比例可增加到 25%～30%，同时添加 0.2～0.5 kg 混合精料或优质青贮饲料、青干草。

（四）羔羊的饲养

1. 吃乳 羔羊出生后必须吃初乳，以增强体质。对于无乳吃的羔羊，可找保姆羊或人工喂养。保姆羊一般为同一时期产羔少或产死胎母羊。如果找不到保姆羊，就要用羊乳、牛乳或乳粉进行人工喂养。饲喂时必须做到定时、定量，专人负责。

2. 补饲 羔羊 10 日龄即可补饲，让羔羊先闻装在盆内炒过的精料（如八分熟的大豆、玉米等），闻到香味后羔羊会模仿成年羊吃料。羔羊 15 日龄以后可补喂鲜嫩的青草和一些细软优质干草、叶片等草料。春季要防止吃草太多引起腹泻。补饲时应做到定时定量，使羔羊消化机能增强。

羔羊补料量：1 月龄以内不超过 50 g，1～2 月龄约 100 g，2 月龄以后逐渐增加到 200～500 g。羔羊的精料可采用全价颗粒料。

3. 饮水　羔羊饮水中添加0.1%的高锰酸钾可减少肠道疾病的发生。

二、绒山羊的管理

（一）种公羊的管理

（1）配种前1个月彻底驱除体内外寄生虫。

（2）保持圈舍通风、干燥、卫生；经常修蹄、刷拭，对公羊还应坚持按摩睾丸。

（3）单圈饲养，尤其是配种期的公羊要远离母羊。

（4）每天配种或采精2次，不超过3次，不能连续采精，要有时间间隔，即上午1次、下午1次，1周休息1 d。

（5）放牧及运动时间不低于6 h。

（二）繁殖母羊的管理

（1）配种准备期。彻底驱除体内外寄生虫。

（2）妊娠前期。避免吃霜草和霉烂饲料，不饮冰水，不使羊受惊猛跑，以免发生流产。

（3）妊娠后期。重点是保胎保膘，一切活动围绕“稳”字进行，防止流产或早产。圈舍要宽敞、通风良好。冬季舍温不能低于5℃。不要鞭打和驱赶羊，出入羊圈时防止拥挤造成流产，禁止进行防疫注射，避免使用影响胎儿发育的药物。母羊临产前1周左右不得远牧，以便分娩时母羊能及时回到羊舍。

（4）哺乳期。母羊舍要经常打扫、消毒，胎衣和毛团等污物要及时清除，防止羔羊吞食患病。哺乳后期，要做好羔羊早期断乳和母羊的产后早期配种工作。

（三）育成羊的管理

（1）公、母羊分群放牧和饲养。

（2）按月固定抽测体重，以检查全群的发育情况，并做及时调整。

（3）冬季做好饲草料的贮备。

（四）羔羊的管理

1. 运动　羔羊生后5～7 d，在无风、温暖的晴天，可将其驱赶到运动场进行运动和日光浴，以增强体质、增进食欲、促进生长、减少疾病。运动场要保持清洁，拣净羊毛及其他杂物，防止羔羊误食羊毛或其他不易消化的杂物造成毛团堵塞或发生异食癖。

2. 放牧　羔羊放牧地距羊舍要近、草质要好。要加强对羔羊的放牧训练，使其听指挥、不乱跑、多吃草、不吃露水草、不受雨淋。

3. 驱虫　羔羊易患寄生虫病，2月龄时进行一次驱虫。一般选用阿苯达唑、左旋咪唑等对羔羊体内绦虫和消化道线虫进行灌服治疗；体表寄生虫的治疗方法一般为药浴。

4. 断乳　一般3～4月龄即可断乳，断乳方法可分为阶段性断乳和一次性断乳。

（1）阶段性断乳。从2～3月龄起，母子白天分开、夜间合群，1周后隔日母子相见，再1周后是3 d一见，最后完全断乳。

（2）一次性断乳。即到断乳日龄时将母子断然分开不再合群，并按性别、大小、强弱分群，分别加强饲养管理和补饲。

复习题

1. 山羊绒具有哪些特性？

2. 种公羊在配种期如何饲养管理？
3. 繁殖母羊在不同阶段如何饲养管理？
4. 羔羊的饲养管理要点是什么？

小论坛

1. 结合当地实际，谈谈绒山羊的混合精料可由哪些原料组成？
2. 我国有哪些主要绒山羊品种？其外貌特征和生产性能如何？

乳用羊生产技术

◆【项目导学】

羊乳营养丰富、易于吸收，是乳品中的精品。哪些羊品种产乳量高，对产乳羊怎样饲养管理才能获得更多更好的乳产品？通过以下内容的学习可得到答案。

◆【项目目标】

1. 能说出羊乳的特性、国内外主要奶山羊品种的名称、突出特点。
2. 会依据体型外貌特征识别主要奶山羊品种。
3. 掌握泌乳母羊及羔羊饲养管理方面的相关知识。

任务一　奶山羊品种

任务导入

某单位组织职工体检后，医生建议这些人喝羊乳：胃病病人、肾病病人、糖尿病患者、骨质疏松的人。为什么？请看“羊乳的特性”。

一、羊乳的特性

羊乳因具有营养丰富、易于吸收等优点而被视为乳品中的精品，被称为“乳中之王”，是世界上公认的最接近人乳的乳品。但与牛乳相比，喝羊乳的人较少，这是因为很多人闻不惯它的味道，对它的营养价值也不够了解。其实，《本草纲目》中就曾提道：“羊乳甘温无毒、润心肺、补肺肾气。”

羊乳分为山羊乳和绵羊乳，羊乳干物质中蛋白质、脂肪、矿物质含量均高于人乳和牛乳，乳糖含量低于人乳和牛乳（表 7-1）。

表 7-1　几种乳营养成分比较（%）

乳类	干物质	蛋白质	脂肪	乳糖	矿物质
人乳	12.42	2.01	3.74	6.37	0.30
牛乳	12.75	3.39	3.68	4.94	0.72
山羊乳	12.97	3.53	4.21	4.36	0.86
绵羊乳	18.40	5.70	7.20	4.60	0.90

（1）羊乳干物质含量与牛乳基本相近或稍高一些。每千克羊乳的热量比牛乳高 210 kJ。

（2）羊乳脂肪含量差异较大，平均为 4.21%～7.20%，脂肪球直径 2 μm 左右，牛乳脂肪球直径 3～4 μm。羊乳富含短链脂肪酸，低级挥发性脂肪酸占所有脂肪酸含量的 25%左右，而牛乳中则不到 10%。羊乳脂肪球直径小，使其容易消化吸收。

（3）羊乳蛋白质主要是酪蛋白和乳清蛋白。羊乳、牛乳、人乳三者的酪蛋白与乳清蛋白之比大致为 75∶25（羊乳）、85∶15（牛乳）、60∶40（人乳）。可见羊乳比牛乳酪蛋白含量低，乳清蛋白含量高，与人乳接近。酪蛋白在胃酸的作用下可形成较大的凝固物，其含量越高，蛋白质消化率越低，所以羊乳蛋白质的消化率比牛乳高。另外，羊乳的蛋白质分子细小，不会给肾脏增加负担，利于消化吸收，适于肾病患者补充蛋白质。

（4）羊乳矿物质含量为 0.86%，比牛乳高 0.14%。羊乳比牛乳含量高的元素主要是钙、磷、钾、镁、氯和锰等。这些元素能有效预防骨质疏松症、促进骨骼发育。

（5）经研究证明，每 100 g 羊乳所含的 10 种主要的维生素的总量为 780 μg。羊乳中维生素 A、维生素 B_1、维生素 B_2、维生素 C、泛酸和烟酸的含量均可满足婴儿的需要。

（6）每 100 g 羊乳胆固醇含量为 10～13 mg，每 100 g 人乳可达 20 mg。羊乳低含量胆固醇对降低人的动脉硬化和高血压的发病率有一定的意义。

（7）羊乳中富含上皮细胞生长因子，具有参与表皮细胞分化增值、促进创伤愈合、抑制胃酸分泌、防治胃肠溃疡的功能。

（8）由于羊乳营养丰富，常喝羊乳能使糖尿病人吸收充分的营养，增强体质，为糖尿病的恢复打下坚实的基础。

（9）对于妇女来说，羊乳中维生素 E 含量较高，可以阻止体内细胞中不饱和脂肪酸氧化、分解，延缓皮肤衰老，增加皮肤弹性和光泽。对于老年人来说，羊乳性温，具有较好的滋补作用。

二、奶山羊品种及利用

（一）萨能奶山羊

萨能奶山羊原产于瑞士，是世界上最优秀的乳用山羊品种之一。

1. 体型外貌 萨能奶山羊全身被毛为白色短毛，皮肤呈粉红色。具有乳用家畜特有的楔形体型。体格高大，结构紧凑，体型匀称，体质结实。具有头长、颈长、体长、腿长的特点（图 7-1）。额宽，鼻直，耳薄长，眼大突出。多数羊无角，有的羊有肉垂，公羊颈部粗壮，前胸开阔，尻部发育好，部分羊肩、背及股部生有少量长毛；母羊胸部丰满，背腰平直，腹大而不下垂，后躯发达，尻稍倾斜，乳房基部宽广、附着良好、质地柔软，乳头大小适中。公、母羊四肢端正，蹄质坚实、呈蜡黄色。

2. 生产性能

（1）生长发育。萨能奶山羊成年体重公羊 75～100 kg、母羊 50～70 kg；成年体高公羊 80～90 cm、母羊 70～78 cm；1 岁体重公羊 50～60 kg、母羊 40～45 kg。

（2）产乳性能。萨能奶山羊泌乳性能好，乳汁质量高，泌乳期一般为 8～10 个月，以第三、四胎泌乳量最高，年产乳量 600～1 200 kg，最高个体产乳记录 3 430 kg。乳脂率 3.8%～4.0%，乳蛋白含量 3.3%。

（3）繁殖性能。萨能奶山羊性成熟早，为 2～4 月龄，初配时间为 8～9 月龄。母羊发情

图 7-1　萨能奶山羊

周期 20 d，发情持续期 30 h，妊娠期 150 d。繁殖率高，产羔率 200%左右。羔羊平均初生重公羔 3.5 kg、母羔 3.0 kg；平均断乳重公羔 30.0 kg、母羔 20.0 kg。

3. 评价与利用　萨能奶山羊早在 1904 年由外国传教士带进我国，对我国各地奶山羊的培育和性能提高起到了积极的作用，是关中奶山羊、崂山奶山羊、文登奶山羊等培育品种的父本。萨能奶山羊具有体格高大、乳用体型典型、产乳量及繁殖率高、遗传性能稳定、适应性较好等特点。萨能奶山羊分布于世界各国，在我国的平原、丘陵地区均可饲养。今后应加强选育，进一步提纯复壮，不断扩大种群数量。

（二）关中奶山羊

关中奶山羊是我国培育的优良乳用山羊品种，主产于陕西关中地区的富平、三原和泾阳县等，主要分布于渭南、咸阳、宝鸡、西安等地。

1. 体型外貌　关中奶山羊体质结实，乳用体型明显。毛短色白，皮肤为粉红色。头长，额宽，眼大，耳长，鼻直，嘴齐。部分羊体躯、唇、鼻及乳房皮肤有大小不等的黑斑。有的羊有角、额毛、肉垂。公羊头颈长，胸宽深。母羊背腰长而平直，腹大、不下垂，尻部宽长、倾斜适度；乳房大、多呈方圆形、质地柔软，乳头大小适中。公、母羊四肢结实，肢势端正，蹄质坚实（图 7-2）。

图 7-2　关中奶山羊

（引自国家畜禽遗传资源委员会，中国畜禽遗传资源志·羊志，2011）

2. 生产性能

（1）生长发育。关中奶山羊公羔平均初生重 3.7 kg，1 月龄平均断乳重 9.5 kg，平均日增重 193 g；母羔平均初生重 3.3 kg，1 月龄平均断乳重 8.5 kg，平均日增重 173 g。成年羊体重和体尺见表 7-2。

表 7-2 关中奶山羊成年羊体重和体尺

（引自国家畜禽遗传资源委员会，中国畜禽遗传资源志·羊志，2011）

性别	只数	体重（kg）	体高（cm）	体长（cm）	胸围（cm）
公	20	66.5±20.4	87.2±7.8	87.3±8.5	99.0±12.1
母	80	56.4±9.9	75.0±4.3	78.9±5.9	94.2±6.5

（2）产乳性能。74 只关中奶山羊年产乳量平均为 684 kg，其泌乳性能以二、三、四胎产乳量最高，鲜乳乳脂率 4.1%。关中奶山羊鲜乳的化学成分见表 7-3。

表 7-3 关中奶山羊年产乳量及鲜乳成分

（引自国家畜禽遗传资源委员会，中国畜禽遗传资源志·羊志，2011）

只数	产乳量（kg）	水分（%）	干物质（%）	粗蛋白质（%）	粗脂肪（%）	乳糖（%）	其他（%）
74	684.4	87.2	12.80	3.35	4.12	4.31	0.02

（3）产肉性能。关中奶山羊产肉性能见表 7-4。

表 7-4 关中奶山羊产肉性能

（引自国家畜禽遗传资源委员会，中国畜禽遗传资源志·羊志，2011）

性别	只数	宰前活重（kg）	屠宰率（%）	净肉率（%）	肉骨比
公	15	34.3	53.3	39.5	4.1∶1
母	15	34.6	51.6	37.4	3.9∶1

（4）繁殖性能。关中奶山羊 5～8 月龄性成熟，公羊 8 月龄左右、母羊 6～9 月龄为初配年龄。母羊发情周期 20 d，发情持续期 30 h，妊娠期 150 d，产羔率 188%，羔羊断乳成活率 96.9%。

3. 评价与利用 关中奶山羊体质结实、乳用体型明显、产乳性能好、抗病力强、耐粗饲、易管理、适应性强、遗传性能稳定、肉质鲜美，是我国优良的乳用山羊品种。今后仍应继续选育提高和加强饲养管理，充分挖掘其生产潜力。

（三）崂山奶山羊

崂山奶山羊原产于山东省青岛市崂山区（原崂山县），主要分布于青岛市、烟台市、威海市和潍坊市、临沂市、枣庄市等。

1. 体型外貌 崂山奶山羊毛色纯白，毛细短，皮肤呈粉红色，富有弹性，成年羊的头部、耳及乳房的皮肤多有淡黑色的皮肤斑点。公、母羊大多数无角，体质结实，结构紧凑而匀称，头长额宽，鼻直、眼大、嘴齐，耳薄且向前外方伸展（图 7-3）。公羊颈粗壮，母羊颈薄长，胸部宽广，肋骨开张良好。背腰平直，尻略下斜，母羊腹大而不下垂，乳房附着良好，上方、下圆，乳头大小适中。四肢端正，蹄质结实，从整体结构上看，具有良好的乳用体型。

图 7-3　崂山奶山羊

（引自孟和，羊的生产与经营，2001）

2. 生产性能

（1）生长发育。崂山奶山羊成年羊体重和体尺见表 7-5。

表 7-5　崂山奶山羊成年羊体重和体尺

（引自国家畜禽遗传资源委员会，中国畜禽遗传资源志·羊志，2011）

性别	体重（kg）	体高（cm）	体长（cm）	胸围（cm）
公	76.4±5.5	85.7±7.3	94.6±7.3	106.4±4.1
母	45.2±7.2	70.6±4.5	78.0±5.5	87.7±6.6

（2）产乳性能。崂山奶山羊平均泌乳期 240 d，平均产乳量第一胎（361.7±40.2）kg、第二胎（483.2±42.3）kg、第三胎（613.8±52.3）kg。鲜乳干物质含量为 12.03%，其中含乳脂肪 3.73%、乳蛋白质 2.89%、乳糖 4.53%、其他 0.23%。

（3）产肉性能。对崂山奶山羊 9 月龄去势公羊进行肥育实验，宰前活重（52.5±4.0）kg，胴体重（28.6±1.7）kg，屠宰率 54.5%，净肉率 43.1%，肉骨比 3.8∶1。

（4）繁殖性能。崂山奶山羊性成熟较早，初配年龄公羊 7～8 月龄、母羊 6～7 月龄。母羊 9—10 月集中发情，发情周期 20 d，妊娠期 150 d，产羔率 170%。公、母羔平均初生重 3.3 kg，1 月龄断乳重 7.4～9.5 kg。

3. 评价与利用　崂山奶山羊是我国培育的优良奶山羊品种之一，具有生长发育快、体格健壮、耐粗饲、抗病力强、适应性好、产乳量较高和遗传性能稳定等优点，但其低产羊比例较多、整齐度差。今后应通过本品种选育，提高优良个体的比率和产乳量。

任务二　奶山羊的饲养管理

任务导入

作为山东省潍坊市昌乐县白浪河村的一位农民，在 4 年前，村里引进的一个扶贫项目让他放下了锄头，拾起了羊鞭，养起了奶山羊。目前每天早上赶着羊群，到挤乳站挤乳成了他每天最重要也是最开心的事。

他家总共有奶山羊 60 只，进入产乳期的有 30 只。在产乳高峰期，每只羊每天产乳量能达到 1.5～2 kg，30 多只羊一天能产乳 50 kg 以上，按照企业收购价，每千克 6 元计算，一天收入 300 多元，一个月就能收入 9 000 多元。一年除去饲料、人工等成本 6 万元，到手的纯收入能有 3 万多元。这还只是养奶山羊收入的一部分而已。如果加上卖羊羔，两项收入一年6～7 万元。

目前白浪河村全村 85 户中，奶山羊养殖户有 70 户，占到全村人口的 80%以上，成为名副其实的奶山羊村。养殖奶山羊使白浪河村这个省级重点贫困村摘掉了贫困的帽子，村民盖起了新房、添置了汽车。

奶山羊如何饲养呢？请看下面的介绍。

一、奶山羊的饲养

奶山羊饲养的重点是泌乳母羊及其羔羊的饲养。

（一）泌乳母羊的饲养

泌乳母羊的饲养大致可分为泌乳初期、泌乳盛期、泌乳中期、泌乳后期与干乳期 5 个阶段。

1. 泌乳初期 母羊产后 20 d 内为泌乳初期，也是母羊的产后恢复期。此时，母羊应以恢复体力为主。合理的饲养是喂给容易消化的优质幼嫩干草，饮给温盐水、小米或麸皮汤，并饲喂少量的精料。千万不能给予大量精料，否则容易造成消化不良与食滞。应根据母羊的体况、食欲、乳房膨胀情况、产乳量的高低逐渐增加精料的喂量。14 d 以后精料可增加到正常的喂量（0.5～0.75 kg/d）。

2. 泌乳盛期 母羊产后 20～120 d 为泌乳盛期（泌乳高峰期），这一时期产乳量约占全泌乳期的一半。由于泌乳量较大，母羊体内蓄积的养分不断排出，体重明显下降，所以饲养上要特别精心，确保饲料营养平衡。

泌乳高峰期要多喂青绿饲料，优质干草的喂量约占体重的 1.5%，混合精料的喂量可按每产 1.5 kg 乳给 0.5 kg 计算。饮水量也要增加，母羊每产 1.0 kg 乳需饮水 2.0～3.0 kg，据此计算日需水量。

3. 泌乳中期 母羊产后 120～210 d 为泌乳中期。此期产乳量逐渐下降，但下降速度较慢。这一阶段可根据泌乳母羊的产乳量、膘情适当降低精料的供给，可多喂些青绿饲料，保证清洁的饮水，尽可能地使高产乳量保持一段较长时期。

4. 泌乳后期 母羊产后 210 d 至干乳为泌乳后期。这个时期的特点是母羊逐渐发情配种，到此期的后期大部分母羊已妊娠，产乳量显著下降。日粮应以粗饲料为主，逐渐减少青绿饲料和精料的饲喂。精料的减少要安排在产乳量下降之后，这样可减缓产乳量下降的速度。

5. 干乳期 干乳期是指母羊不产乳时期。奶山羊的干乳期一般为 60 d 左右。这时母羊已经过一个泌乳期（10 个月）的生产，膘情较差，加上这一时期又正值妊娠后期，为了使母羊恢复膘情贮备营养、保障胎儿发育的需要，应停止挤乳。

干乳期母羊的饲养标准可按日产 1.0～1.5 kg 乳、体重 50 kg 的产乳羊为标准，每天给青干草 1.0 kg、青贮饲料 2.0 kg、混合精料 0.25～0.3 kg。

高产的奶山羊需人工停乳（或称人工干乳）。人工停乳时，第一要降低饲养标准，特别是精料与青绿多汁饲料的给量；第二要适当控制饮水；第三要减少挤乳次数，打乱挤乳时间；第四要把乳房中的乳挤净，这样就能很快干乳。干乳后，要注意及时检查乳房，如发现乳房发硬，应及时进行消炎处理。

（二）羔羊的哺乳与饲养

羔羊培育的好坏直接关系到奶山羊终生的发展和生产水平的高低。奶山羊的哺乳期一般为 3～4 个月，可分为初乳期和人工哺乳期两个阶段。

1. 初乳期　一般指出生 6～10 d，是由胎儿转入独立生活的时期。由于初生羔羊的体温调节机能尚不健全，加之环境的突然变化，羔羊适应能力差，易受冻、患病，因此应加强哺乳和护理工作。重点是让羔羊吃好初乳，因为母羊的初乳中含有丰富的营养和抗体。初乳的饲喂时间应在出生后的 20～30 min，先把母羊的乳挤出几滴，防止堵塞，随后即让羔羊哺食。在羔羊出生后的 1 周内，可采用羔羊跟随母羊自由哺乳的方式。正常情况下，这一阶段日增重可达 100～200 g。

2. 人工哺乳期　人工哺乳从羔羊出生 7～10 d 后开始，此时母羊的泌乳量逐渐上升。为了保证母羊的泌乳生产，羊乳对外销售、加工，应对羔羊施行人工哺乳，直到断乳。

首先调教羔羊学会用乳瓶、碗、盆等哺乳工具吃乳，先让羔羊饥饿半天，然后一只手抱羊，另一只手拿哺乳工具诱导羔羊吮吸乳汁，如此调教几次即可。从 15 日龄开始，训练羔羊采食优质的青干草，可将幼嫩的青干草捆成小把悬吊于羊舍或运动场，让羔羊自由采食；从 20 日龄开始，诱食精料。对于不会舔食精料的羔羊，可将精料塞入其口中，直至学会吃料。总之，从以哺乳为主逐渐过渡到以吃草、料为主，即逐渐加大草、料的给量，减少哺乳量，直到断乳。

注：种公羊的饲养与绒山羊种公羊相同，详见项目六。

二、奶山羊的管理

（一）泌乳羊的管理

（1）圈舍要每天打扫，保持干净，既有利于泌乳羊的健康，对保障羊乳的卫生也十分必要。

（2）泌乳母羊以舍饲为主，其圈舍的空间应尽量大一些，一般应不低于每只 6 m^2，以满足泌乳羊舍内适当运动的需要，并保证空气流通。

（3）泌乳母羊的乳房大且低垂，容易擦伤、碰伤，应特别注意保护乳房；对于乳房水肿的高产母羊，产羔 5 d 后，要注意运动并按摩和热敷乳房，以使水肿尽快消失。

（4）合理安排产羔季节，为使母羊泌乳时间延长，并能在产乳高峰结束时处在青绿饲料充足期，应在当年 9—10 月配种怀胎、翌年 2—3 月产羔。这样，母羊 3—5 月进入产乳高峰期，到高峰期快结束时，青绿饲料正好供应充裕，产乳母羊可吃上充足的品质优良的饲草，可大大促进其多产乳，并延长泌乳高峰期。

（二）干乳羊的管理

（1）干乳初期，注意圈舍、垫草和环境卫生，以减少乳房的感染。

（2）妊娠中期，进行一次体内外寄生虫的驱除，以预防寄生虫病。

（3）妊娠后期，注意保胎，严禁惊吓，严防拥挤、滑倒和角斗。

（4）产前 1～2 d，将母羊赶入分娩栏，做好接产准备。

（三）种公羊的管理

种公羊的管理可概括为：温和接触、驯制为主、恩威并施、人羊亲和；单独饲养、坚持运动、营养平衡、合理利用；每天刷拭、及时修蹄；注意防疫、定期称重、定期采精。

复习题

1. 羊乳和牛乳相比具有哪些特点？
2. 母羊在泌乳期和干乳期如何饲养管理？
3. 羔羊的培育要点是什么？

小论坛

如何提高奶山羊的泌乳量？

羊场管理及经营

◆【项目导学】

通过对新建羊场和规模羊场的实际生产案例剖析，引起学习者对羊场管理和效益分析的高度重视，建立科学有效的羊场生产计划，发挥羊场经营管理在养羊生产中的指导作用。

◆【项目目标】

1. 了解羊场管理细则和羊场生产计划。
2. 熟悉羊场工作内容和疫病防治措施，能进行羊场制度化管理。
3. 掌握羊场成本核算和效益分析方法。

任务一　羊场管理制度

任务导入

2016 年 7—9 月，某新建羊场从上海某地先后引进湖羊 6 000 只，湖羊到场后陆续出现鼻流清涕和脓性鼻液、咳嗽、发热、采食量下降，1 周左右开始出现个别死亡，逐渐增加到一天死亡 8～14 只，采取治疗但未见好转。

病因分析：长途运输应激，昼夜温差大，运输车上羊大量出汗，夜间温度骤降；上海到当地距离远，羊水土不服，剪毛增加了羊感冒概率和蚊虫传播疾病概率；饲料改变，影响羊对营养物质的吸收；饲养方式改变；管理不到位，不能做到精细管理每一只羊，羊发病没有及时发现、及时处理；缺乏兽医人员、饲养人员。总之，羊大量死亡的原因是制度不健全，饲养管理人员管理不到位，病羊没有得到及时救治，加上环境恶劣、营养不足，造成大量羊感冒并继发感染细菌病毒性疾病，最终死亡。

一、羊场生产制度

羊场生产制度包括羊场生产记录、羊场日常管理。

（一）羊场生产记录

完善、详细、准确的记录对羊场生产、管理有着直接影响。没有准确完善的配种和预产记录就不能采取有效的繁殖措施；没有每只母羊的生产性能记录就无法进行淘汰处理；没有每只引种公、母羊的系谱记录，遗传选择更无从考虑。记录是决定工作日程以及制订生产计划的依据，是提高羊场生产管理、保证羊场高效发展的前提。

1. 系谱记录 羔羊一出生就开始记录，系谱记录是它的身份识别名片，终生保存。内容包括编号、初生重、性别、出生日期、父母信息、祖父母（外祖父母信息）等。在系谱上还有清晰的毛色标记和简单的体尺测量，如体高、体重、胸围、各年龄段体重以及父本的综合评定等级等，在卡片的背后记录产羔和产毛的总结性信息等。

2. 生产记录 育肥羊的增重记录非常重要。一般包括增重和体尺记录，是出生后按月称重、测量体尺。另外一种生产记录是测量育肥开始和结束时的体重和体尺，之后计算出日增重。

通过生产记录的综合分析，即可知道当日育肥羊的增重，也可算出每月、每年的总产量、饲料转化率、总盈利等，还可以将羊群生产水平分等排列，在羊选种过程中选择优秀个体、淘汰劣质个体。

产毛绵羊的生产记录以产毛量和羊毛品质为主。

3. 繁殖记录 坚持记录每只母羊的繁殖项目，可以通过记录追踪，注意母羊繁殖周期及变化情况，及时配种。母羊记录内容包括产羔日期、预计发情日期、配种 30 d 以上准备检查妊娠的日期、妊娠检查结果等。为了提高繁殖率，记录要逐日进行，保持经常性记录。

4. 日常饲料和兽药购、领记录 做好饲料、饲料添加剂、兽药、疫苗使用记录，及时观察羊群采食、疫病预防动态，为管理提供准确资料。

各种记录必须经常精确地记载，妥善保存，定期整理分析，使之发挥应有的作用。

（二）羊场日常管理

1. 严格控制外来车辆、人员进入羊场 门口设消毒池，传达室设置紫外线消毒，地面铺设消毒垫片，外来人员经允许后先消毒，再进入羊场。

2. 合理饲喂羊群 山羊每天采食时间长达 11 h，需保证每天有充足的粗纤维供其消化，所以每天应分早、中、晚三次给料，少加勤添，不要一次投喂大量饲料，既浪费饲料，又会导致羊消化不良。

羊圈养必须要补饲精料，合理搭配饲料。特别是母羊带羔后，还要满足羔羊健康生长的营养需要。

每日观察羊反刍和粪便两项指标是否正常，保证充足运动。

3. 草料更换要合理过渡 当一个季节草料饲喂结束，需要更换另外一种饲料时，衔接要合理，不能突然改变。上一种饲料饲喂结束前 1 周开始逐渐更换饲料，直到上一种草料喂完为止。

4. 及时合理分群 按照公母、年龄及健康状况进行分群。断乳羔羊公母不能放在一起饲养。

5. 防止中毒 禁止饲喂发霉变质饲料，以防霉菌中毒。

6. 编号 编号对于羊识别和选种选配是一项必不可少的基础性工作。

7. 称重 称重是衡量羊生长发育的重要指标，也是检查饲养管理工作的重要依据，包括初生重、断乳重、1 岁重、成年重。

8. 断尾 断尾仅限于长瘦尾羊，如细毛羊、半细毛羊及其杂交后代。断尾的目的是保持羊毛的清洁并防止患寄生虫病。断尾的时间一般在羔羊出生后 1 周。

9. 去势 去势后，羊性情温顺，管理方便，节省饲料，肉膻味小，凡不做种用的公羔和公羊一律去势。

10. 剪毛与抓绒　细毛羊、半细毛羊和杂种羊一年剪一次毛，粗毛羊一年剪两次毛。剪毛时间与当地气候和羊群膘情有关，最好在气候稳定和羊体力恢复之后进行，一般北方地区在每年5—6月剪毛。

绒用山羊每年春季抓绒。一般在春季天气开始转暖时进行，当山羊绒的根部开始松动时进行抓绒，具体时间比绵羊剪毛略晚些。抓绒的方法有两种：一种是先剪去外层长毛再抓绒；另一种是先抓绒再剪长毛。

11. 药浴　剪毛后7～10 d，应及时组织药浴，以防疥癣的发生。药浴分为池浴、淋浴、盆浴三种。

12. 修蹄　无论是舍饲还是放牧，羊蹄的保护都很重要。羊蹄壳生长较快，如不修整，易造成畸形、系部下坐、行走不便，影响采食。修蹄一般在雨后进行，这时蹄质软，易修剪。为避免羊患蹄病，平时注意休息场所的干燥和通风。

13. 做好日常观察　每日观察羊的活动，羊病早发现早治疗。同时，日常观察还可以发现生产环节中的问题，及时解决，以减少损失。

二、劳动管理制度

建立严格的管理制度能够提高养殖场的管理水平、提高效率，实施科学、规范、制度化管理，明确员工权利与职责，保证羊场合理、有序运行。

（一）建立健全严格的岗位责任制

在羊场的生产管理中，要使每一项生产工作都有人去做，并按期做好，使每位职工各尽其能，能够充分发挥主观能动性和聪明才智，需要建立联产计酬的岗位责任制。技术人员、饲养管理人员应签订和执行责任承包合同，实行定额管理，责任到人，赏罚分明；同时，技术人员、技术工人要相对稳定，一般中途不要调整和更换人员。联产计酬岗位责任制的制订要领是责、权、利分明。内容包括：应承担的工作责任、生产任务或饲养定额；必须完成的工作项目或生产量（包括质量指标）；授予的权力及权限；明确规定超产奖励、欠产受罚的数量。建立岗位责任制，还要通过各项记录资料的统计分析，不断进行检查，用计分方法科学计算出每位职工、每个部门、每个生产环节的工作成绩和完成任务的情况，并以此作为考核成绩及计算奖罚的依据，从而充分调动每个人的积极性。推行岗位责任制，有利于纠正管理过分集中、经营方式过于单一和分配上存在的平均主义。

（二）劳动职责

1. 场长职责

（1）认真贯彻执行国家有关发展养羊业的法规和政策。

（2）决定羊场的经营计划和投资方案。

（3）确定羊场年度预算方案、决算方案、利润分配方案及工资制度。

（4）确定羊场的基本管理制度。

（5）决定羊场内部管理机构的设置，聘任或者解雇员工。

2. 监督员职责

（1）遵守检验检疫有关法律和规定，诚实守信，忠实履行职责。

（2）负责羊场生产、卫生防疫、药物、饲料等管理制度的建立和实施。

（3）负责对药品、饲料采购的审核以及对技术员开具的处方单进行审核，符合要求方可签字发药。

（4）监管羊场药物的使用，确保不使用禁用药，并严格遵守停药期。

（5）应积极配合检验检疫人员对羊场实施日常监管和抽样。

（6）如实填写各项记录，保证各项记录符合羊场和其他管理及检验检疫机构的要求。

（7）监督员必须持证上岗。

（8）发现重要疫病和事项及时上报。

3. 技术员的职责

（1）依各个季节不同疾病流行情况，根据本场实际情况采取主动积极的措施进行防护。

（2）技术员应根据疾病发生情况开出当日处方用药。

（3）技术员应每日观察疾病发生情况，对疾病应做到早预防、早发现、早治疗。对表现异常的羊分离饲养，随时观察疾病进展。

（4）如发生重要疫病及重要事项，应及时做好隔离措施。

在明确职责的同时，要建立相应的饲料管理制度、药物管理制度、人员管理制度、卫生防疫管理制度、有毒有害物质管理制度等，以确保羊场正常、健康、可持续发展。

任务二　羊场计划制订

任务导入

假定某羊场计划年初实有各类羊的只数为：种公羊 10 只，成年母羊 840 只，1 岁以下幼母羊 240 只，1 岁以下幼公羊 15 只，去势羊 450 只。

当年计划购入优良种公羊 4 只，成年母羊 80 只；计划繁殖幼羊 798 只，繁殖成活的幼羊以公、母各半计。其中繁殖成活的 399 只公羊中有 5 只被选作种公羊利用，剩下的 394 只有 99 只被出售，其余的 295 只去势进行育肥。在繁殖成活的 399 只母羊中有 220 只被选作种母羊利用，剩下的 179 只中有 120 只被出售，其余被淘汰的 59 只进行育肥。原有的种公羊淘汰 5 只进行育肥出售，原有的成年母羊淘汰 140 只进行育肥。原有的去势羊进行育肥后出售 350 只。所以年终实际出售的育肥羊有 5＋59＋140＋350＝554 只。根据资料和羊群配种产羔计划编制羊群周转计划，见表 8-1。

表 8-1　某羊场羊群周转计划

（引自内蒙古农牧学院，畜牧业经济管理，1985）

羊类别	计划年初只数	增加只数			减少只数			计划年末只数
		繁殖	购入	转入	转出	直接出售	淘汰育肥出售	
种公羊	10		4	5			5	14
成年母羊	840		80	220			140	1 000
1 岁以下幼母羊	240	399				120	59	460
1 岁以下幼公羊	15	399				99		315
去势羊	450			295			350	395
合计	1 555	798	84	520		219	554	2 184

一、羊场生产计划

要使羊场生产正常有序地进行，必须制订科学可行的生产计划。生产计划是羊场行使组织、指挥、监督、控制等管理职能的依据，是对羊场一段时期内生产经营活动做出的统筹安排。制订的羊场计划要遵循适应性原则、科学性原则及平衡性原则。首先，编制的经营计划一定要服从和适应市场变化，满足社会对畜产品的要求。要注重市场，以销定产，要根据市场需求倾向和容量来安排组织羊场的经营活动，充分考虑消费者需求以及潜在的竞争对手，以避免供过于求，造成经济损失。其次，编制生产计划要有科学态度，一切从实际出发，深入调查分析有利条件和不利因素，进行科学的预测和决策，使计划尽可能地符合客观实际，符合经济规律。最后，羊场生产计划要统筹兼顾，综合平衡。各个生产环节、生产要素要协调一致，充分发挥羊场优势，完成各项任务。

（一）配种和分娩计划

羊群交配与分娩计划是实现羊群再生产的重要措施，又是制订羊群周转计划的重要依据。编制配种计划要根据羊的自然再生产规律，并从生产需要出发，考虑分娩时间和各方面的条件来确定配种时间和配种数量，为完成生产计划提供保证。

配种分娩有两种类型，即陆续式和季节式。陆续式配种分娩时间比较均匀地分布在全年各个时期，所以它可以充分利用羊舍、设备、劳动力和种公羊，在一年中可以均衡地取得畜产品。季节性配种分娩时间要求集中，在全年内某些季节进行，可以选择最适宜的季节进行配种和分娩，避免气候过冷或过热对羊繁殖产生不利影响，从而提高母羊受胎率和羔羊的成活率，并且对羊舍的质量要求较低。此外，充分利用天然饲料和青绿饲料对羔羊发育成长有利，也便于饲养管理。

组织配种分娩采用的类型应根据养羊业的经营方针和生产任务、羊的饲养方式（舍饲或放牧）、气候条件、羊舍设备、劳动力情况、种公羊数量、主要饲料来源等具体条件来决定。

编制羊群配种计划主要是确定以下指标：各时期分娩母羊数；各时期配种的羊数量；各时期生产的羔羊数。制订计划的方法是：根据羊自然再生产周期和生产需要，具体安排和推算每只羊的分娩日期和配种计划，将每只羊的分娩日期和配种日期汇总，即得出各时期的分娩、配种数和产羔数。长期计划中的产羔数一般按下式计算：

年产羔数＝母羊数×配种率×受胎率×产仔率×母羊年平均分娩次数×每胎平均产羔数×成活率

缺少历年统计资料时，可以采用简单计算方法，公式如下：

年产羔数＝可繁殖母羊数×分娩次数×每胎平均产羔数×每胎成活率

（二）羊群周转计划

计划期内由于羊的出生、成长、出售、购入、淘汰、屠宰等原因，羊群的结构会经常发生变化。根据羊群结构的现状、养羊场的自然经济条件和计划任务来确定计划期内羊群各组羊的增减数量，以及计划期末的羊群结构，就需要制订羊群周转计划。通过羊群周转计划的编制和执行，可以掌握计划期内羊群的变化情况，从而研究制订有效措施，完成生产任务。还可以核算饲料、饲草及其他生产资料和劳动力的需要量，也可以合理利用羊场内部自然经济条件，进一步扩大羊群的再生产，并可以计算出商品畜产品和商品育肥羊的收入。

根据羊种类的不同，羊群周转计划可以按年、季或月编制。编制的周转计划必须反映羊群中各组羊在计划期的增减时间和数量，计划期初、期末的羊群结构等主要指标，并使各组羊计划期初数量加上计划内增加数量，减去减少的数量后，与计划期末数量相一致，以保证羊群周转计划的平衡。

（三）产品计划

产品是指养羊业生产所提供的毛、肉、绒、乳、皮、骨、角、蹄、内脏等产品。畜产品数量的多少取决于羊的数量和每只羊的产量。因此编制产品计划应根据羊数量、产品率及平均活重来编制。为了增加产品产量，必须采取各种有效措施增加羊数量并提高产品率，如选用优良种羊，加强饲养管理，注意预防羊疫病，及时淘汰繁殖能力低的母羊，提高羔羊的成活率等。

编制羊剪毛量计划首先要确定每只羊在整个生产期内的计划产毛量，其次要确定参加剪毛的羊数量，最后才能确定最终羊毛产量。

（四）饲料计划

为了有计划地组织饲料的生产和供应，必须编制饲料计划。根据饲养羊的种类、生产类型、数量、饲养天数等确定需要量，也可以通过营养需要确定出每只羊需要草、料的种类和需要的量。饲料供应计划见表 8-2。

表 8-2　饲料供应计划

月份	需要量			供应量			余缺			处理
	青	粗	精	青	粗	精	青	粗	精	
1										
2										
3										
……										
12										
合计										

（五）羊群分组和结构

在羊群规模较大的情况下，为了科学地组织生产管理，将羊群按不同用途、年龄、性别、品种分成各个组，根据各群组的不同要求分别饲养，由专人负责。分组的数量和每组的羊数量，应视羊群规模、设备、饲养方式和管理的要求等具体情况确定。

羊群按用途来看一般分三部分，即作为生产手段的种公羊和基础母羊群，用于更新和扩大基础公母群的后备群，以及用于育肥的育肥群。合理的羊群结构就是指保持这三部分的合理比例关系。一般羊场分为种公羊、成年母羊、后备羊、育肥羊、羔羊和去势羊等，同时羊群结构的状况也决定于生产方向。如生产羔皮的养羊场中，羔羊出生两三天或一个月左右就屠宰取皮，同时很少饲养去势羊，母羊在羊群中的比重很高。

羊群结构不仅要求各羊组之间保持经济合理的比例关系，而且繁殖群内部在年龄上也要保持一定的比例关系，一般来说，母羊 1～2 岁时生殖能力较弱，3～6 岁时生殖能力较强，6 岁以上生殖能力又开始下降，必须适时淘汰，以新的优良的后备羊来补充。成年母羊群的内部结构一般为：一二胎母羊占 35%，三四胎母羊占 45%，五胎以上母羊占 20%。

二、羊场防疫计划

随着畜牧业的发展，各种各样的现代化养羊场相继出现。如何搞好防疫工作已成为所有养殖场中最主要的问题，疫病一旦发生，将严重影响养羊业的发展，造成巨大的经济损失。因此对疫病的控制和预防应采取一定的措施和制定相应的准则和标准，以保证种畜的延续和质量的稳定提高。

1. 建立完善的防疫制度　防疫工作是一项复杂的系统工程，自始至终贯穿整场。因此必须把防疫工作纳入正常的管理，构成由兽医人员监督执行的全体人员参加的全防体系。把防疫原则、制度贯穿于每一个环节，严格按规程操作，才可避免疫病的发生，防疫制度才能得到确实的落实。

（1）科学的程序消毒。这是切断传播途径的重要措施，目的在于杀灭外界环境中存在的各种病原体。

（2）消毒剂的选择要考虑人羊安全、高效低毒、对设备没有破坏性。

（3）进入场区的人员和车辆必须消毒，必要时可换鞋、更衣。

（4）专人负责每周对场内消毒一次。

（5）坚持全进全出饲养制度。

（6）病死羊、粪便必须进行无害化处理。

（7）布局合理，设施符合防疫要求。场内生产区与生活区要分开，建有消毒室、兽医室、隔离室、病羊无害化处理间。

（8）开展疫病监测工作，定期对小反刍兽疫、口蹄疫、布鲁氏菌病等疫病进行监测。

（9）疫病控制和扑灭。发生小反刍兽疫、口蹄疫等疫情时，必须报告给畜牧兽医行政管理部门，及时采取封锁和扑灭措施。发生病毒性腹泻时采取清群和净化措施，全场彻底消毒。

（10）饲养员、技术员经常深入羊舍，发现疾病早治疗。

2. 制订科学的免疫程序，按时进行预防接种　免疫接种是提高机体特异性抵抗力、降低羊易感性的重要措施。但是如果运用不当，常会收到不满意的效果。制订免疫程序时要注意：

（1）制订周密的免疫接种计划，接种各种疫苗需经一定时间才能产生坚强的免疫力，故应根据各种传染病的发病季节，做好相应的免疫接种计划，按规定程序接种。

（2）要有科学的免疫程序。羊在身体状况不良时不能进行接种。有些母源抗体也可以影响和干扰抗体的滴度，甚至完全抑制抗体的产生。为了防止此种现象的发生，对某些传染病应进行母源抗体的监测，在无母源抗体影响下确定初次免疫时间。

可根据当地传染病流行情况，有选择性地进行免疫。常见疫苗有羊肠毒血症苗、羊快疫菌苗、羊猝狙菌苗、羊痘鸡胚化疫苗、魏氏梭菌苗等。免疫接种应按合理的免疫程序进行。各地区、各羊场可能流行的传染病不止一种，因此羊场往往需用多种疫苗来预防，也需要根据各种疫苗的免疫特性合理地安排免疫接种的次数和时间。目前对于羊还没有一个统一、固定的免疫程序，只能在实践中根据当地、羊场的具体情况制定一个合理的免疫程序。

3. 综合防疫，重在预防　传染链虽然由传染源、传播途径、传播方式和易感动物组成，但影响疫病流行的因素却是多方面的，所以必须采取多方面的综合防疫措施，消灭一切不利因素，坚持自繁自养的原则，既有利于畜禽的饲养，又可避免购买畜禽时带进各种传染病。如需要从外单位引种时，应做到不从疫区购买引入的羊要隔离检疫，确认健康无病方可与原来的羊混饲。从国外引进优良品种时，除加强口岸检疫外，入场前还应隔离检疫，发现病羊时，应立即严格处理。防疫工作是预防疾病的重要措施，任何人都应自觉执行和遵守防疫制度，只有这样才能拒疫病于场外，保证羊正常生长。

任务三 羊场经营分析

任务导入

羊场能盈利吗？如果不能盈利，为什么？在开始建场养羊前，牧场主都会考虑第一个问题，懂得养殖效益分析，最终获得经济利益。而第二个问题需要考虑羊群的技术参数，在规划羊场的生产经营时，需要知道投入与产出，也需要技术资料来回答关于投入数量与产出之间的具体问题。

一、养殖成本分析

我国的养羊方式有三种，即北方牧区及南方草山、草坡地区，以终年放牧为主，冬春适当补料；有一定放牧草场的农区或半农半牧区，以半牧半舍饲饲养；以种植业为主的农区饲喂大量农副产品，以舍饲为主。

不同生产方向的羊也应采用不同的饲养方式，以取得最佳效益。如奶山羊、肉用羊应以舍饲为主，而产毛绵羊及产绒山羊则以放牧饲养为主。

（一）成本及费用的构成

1. 生产成本

（1）直接材料。指构成产品实体或有助于产品形成的原料及材料。包括养羊生产中实际消耗的精饲料、粗饲料、矿物质饲料等饲料费（如需外购，在采购中的运杂费用也列入饲料费），以及粉碎和调制饲料等耗用的燃料动力费等。

（2）直接工资。包括饲养员、放牧员、挤乳员等人的工资、奖金、津贴、补贴和福利费等。如果专业户参与人员全是家庭成员，也应该根据具体情况做出估计费用。

（3）其他直接支出。包括医药费、防疫费、羊舍折旧费、专用机器设备折旧费、修理费、租赁费、取暖费、水电费、运输费、试验检验费、劳动保护费以及种羊摊销费等。医药费是指所有羊耗用的药品费和能直接记入的医疗费。种羊摊销费是指自繁羔羊应负担的种羊摊销费，包括种公羊和种母羊，即种羊的折旧费用。种公羊从能配种开始计算摊销费，种母羊从产羔开始计算摊销费。

2. 非生产成本 非生产成本即期间费用。期间费用是指在生产经营过程中发生的，与产品生产活动没有直接联系，属于某一时期耗用的费用。期间费用不计入产品成本，直接计入当期损益，期末从销售收入中全部扣除。期间费用包括管理费用、财务费用和销售费用。

（1）管理费用。指管理人员的工资、福利费、差旅费、办公费、折旧费、物料消耗费用等，以及劳动保险费，技术转让费，无形资产摊销，招待费，坏账损失及其他管理费用等。

（2）财务费用。包括生产经营期间发生的利息支出，汇兑净损失，金融机构手续费及其他财务费用等。

（3）销售费用。指在销售畜产品或其他产品、自制半成品和提供劳务等过程中发生的各项费用，包括运输费、装卸费、包装费、保险费、代销手续费、广告费、展览费等，或者还包括专业销售人员的费用。

（二）成本核算

养羊专业户的成本核算可以是一年计算一次成本，也可以是一批计算一次成本。成本核算必须要有详细的收入与支出记录，主要内容有支出部分，包括生产成本和期间费用；收入部分，包括羊毛、羊肉、羊乳、羊皮、羊绒等产品的销售收入，出售种羊、肉用羊的收入，产品加工增值的收入，羊粪尿及加工副产品的收入等。在做好以上记录的基础上，一般小规模养羊专业户均可按下列公式计算总成本：

养羊生产总成本＝工资（劳动力）支出＋草料消耗支出＋固定资产折旧费＋羊群防疫医疗费＋各项税费等

二、养殖效益分析

（一）分析经济效益

产品销售收入扣除生产成本就是毛利，毛利再扣除非生产成本就是利润。

专业户养羊生产的经济效益用投入产出进行比较，分析的指标有总产值、净产值、盈利、利润等。

羊场经济效益分析

1. 总产值　指各项养羊生产的总收入，包括销售产品（毛、肉、乳、皮、绒）的收入，自食自用产品的收入，出售种羊、肉用羊收入，淘汰死亡收入，羊群存栏折价收入等。

2. 净产值　指专业户通过养羊生产创造的价值，计算的原则是用总产值减去养羊人工费用、草料消耗费用、医疗费用等。

3. 盈利额　指专业户养羊生产创造的剩余价值，是总产值中扣除生产成本后的剩余部分，公式为：盈利额＝总产值－养羊生产总成本。

（二）提高经济效益途径

1. 适度规模　养羊场的饲养规模应依市场、资金、饲养技术、设备、管理经验等综合因素全面考虑，既不可过小也不能太大。过小不利于现代设施设备和技术的利用，效益微薄；过大则规模效益比较高，但超出自己的管理能力，也难以养好羊，最终得不偿失。所以应根据自身具体情况，选择适度规模进行饲养，以取得理想的规模效益。

2. 选择先进科学的工艺流程　先进科学的饲养工艺流程可以充分地利用羊场饲养设施设备，提高劳动生产率，降低单位产品的生产成本，并可保证羊群健康和产品质量，最终显著增加羊场的经济效益。

3. 饲养优良品种　品种是影响养羊生产的第一因素。因地制宜，选择适合羊场饲养条件和饲料条件的品种是养好羊的首要任务。

4. 科学饲养管理　有了良种，还要有良法，这样才能充分发挥良种羊的生产潜力。因此要及时采取新的饲养技术，抓好肉（种）羊不同阶段的饲养管理，不可光凭经验，按照传统的饲养管理技术饲养，而是要对新技术高度敏感，跟上养羊技术的进步，不断提高养羊业的经济效益。

5. 高度重视防疫工作 一个羊场要想不断提高产品产量和质量，降低生产成本，增加经济效益，前提是保证羊群健康。因此羊场必须制订科学的免疫程序，严格执行防疫制度，不断降低羊死淘率，提高羊群健康水平。

6. 努力降低饲料费用 饲料费用占总成本的70%左右，因此必须在饲料上下功夫。一是要科学配方，在满足生产需要的前提下，尽量降低饲料成本；二是要合理喂养，给料时间、给料量、给料方式要讲究科学；三是要减少饲料浪费。

7. 实行经济责任制 经济责任制就是要将饲养人员的经济利益与饲养数量、产量、物质消耗等具体指标挂钩，并及时兑现，以调动全场生产人员的劳动积极性。

8. 抓好销售产品的市场 研究市场，把握市场，不断地开拓市场，应作为羊场的一项重点工作而常抓不懈。

9. 注意保护生态环境，坚持可持续发展 养羊生产要与生态发展和谐进行，生态环境的保护对发展养羊业非常重要，扩大再生产不能以损害生态平衡为代价；否则会带来难以控制的不良后果。

三、不同类型羊场效益分析

（一）散养

以饲养2只种母羊为例，精料按80%计算，草不计算，基建、设备不计算，人工费和粪费相抵。

1. 成本

（1）购种母羊。

2×每只费用＝购种母羊费用

购种母羊费用/5（使用年限）＝每年购种母羊总摊销

（2）饲养成本（精料计算80%，草不计算）。

2×每只种母羊每天精料量×价格＝2只种母羊每天精料耗费

2只种母羊每天精料耗费×365＝2只种母羊年消耗精料费用

总羔羊数（7月龄出栏，5个月饲喂期）×每只羔羊每天精料消耗×150×价格＝育成羊消耗精料费用

总饲养成本＝2只种母羊年消耗精料费用＋育成羊消耗精料费用

（3）每年医药费摊销总成本。10×总羔数

总成本＝每年购种羊总摊销＋总饲养成本＋每年医药费摊销总成本

2. 收入

年售育成羊：

2×育成数/种母羊年产＝总育成数

总育成数×每只出栏重×销售价＝总收入

3. 经济效益分析

饲养2只种母羊的一个饲养户年盈利＝总收入－总成本＝总盈利

每卖一只育成羊盈利＝总盈利/总育成数

（二）专业户

以饲养母羊20只为例，精料按100%计算，草及青贮饲料计算50%，基建设备、器械

不计算，人工费和粪费相抵。

1. 成本

（1）购种羊。

20×每只费用＝购种母羊总费用

1×每只费用＝购种公羊总费用

购种羊总费用/5（使用年限）＝每年购种羊总摊销

（2）饲养成本（专业户饲养精料按100%计算，草及青贮计算50%）。

①种羊。

干草：21×每只每天干草数×365×价格＝种羊年消耗干草费用

精料：21×每只每天精料量×365×价格＝种羊年消耗精料费用

青贮饲料：21×每只每天青贮饲料量×365×价格＝种羊年消耗青贮料费用

②育成羊（7月龄出售，5个月饲喂期）。

干草：总羔数×每只每天干草量×150×价格＝育成羊消耗干草费用

精料：总羔数×每只每天精料量×150×价格＝育成羊消耗精料总费用

青贮饲料：总羔数×每只每天青贮饲料量×150×价格＝育成羊消耗青贮饲料总费用

总饲养成本＝种公、母羊消耗精料、干草、青贮料费用＋育成羊消耗精料、干草、青贮料费用

（3）每年医药摊销总成本。10×总羔数

2. 收入

总育成数×每只出栏重×价格＝总收入

3. 经济效益分析

饲养20只母羊的一个专业户年总盈利＝总收入－每年种羊总摊销－总饲养成本－每年医药摊销总成本

每卖一只育成羊盈利＝总盈利/总育成数

（三）养羊场

以饲养500只基础母羊为例。

1. 成本

（1）基建总造价。

羊舍面积：500只基础母羊，净羊舍500 m^2；周转羊舍（羔羊、育成羊）1 250 m^2；25只公羊，50 m^2公羊舍。

羊舍总造价＝1 800×造价

青贮窖总造价＝500×造价

贮草及饲料加工车间总造价＝500×造价

办公室及宿舍总造价＝400×造价

合计为基建总造价。

（2）设备机械及运输车辆投资。青贮机总费用、兽医药械费用、变压器等机电设备费用、运输车辆费用合计为设备机械及运输车辆总费用。

每年固定资产总摊销＝（基建总造价＋设备机械及运输车辆总费用）/10

（3）种羊投资。

500×价格＝种母羊投资

25×价格＝种公羊投资

合计为种羊总投资。

种羊总投资/5＝每年种羊总摊销

（4）建成后需干草、青贮料、配合精料。

①种羊。

干草：每只每天 525×干草量×365×价格＝成年羊年消耗干草费用

精料：每只每天 525×精料量×365×价格＝成年羊年消耗精料费用

青贮饲料：每只每天 525×青贮饲料量×365×价格＝成年羊年消耗青贮饲料费用

合计为种羊饲养总成本。

②育成羊（7 月龄出售，5 个月饲喂期）。

干草：总羔数×每只每天干草量×150×价格＝育成羊消耗干草费用

青贮饲料：总羔数×每只每天青贮饲料量×150×价格＝育成羊消耗青贮饲料费用

精料：总羔数×每只每天精料量×150×价格＝育成羊消耗精料费用

合计为育成羊饲养总成本。

总饲养成本＝种羊饲养总成本＋育成羊饲养总成本

（5）年医药、水电、运输、业务管理总摊销。

年总摊销＝10×总羔数

（6）年总工资。年总工资＝25×总羔数＝年总工资成本

2. 收入

（1）年售商品羊收入。

年售商品羊收入＝总育成数×每只出栏重×价格

（2）羊粪收入。

总粪量＝总羔数×每只羔羊每年产粪量＋525×每只种羊每年产粪量

羊粪收入＝总粪量×价格/m^3

（3）羊毛收入。羊毛收入＝525×每只种羊产毛量×价格

以上三项合计为总收入。

3. 经济效益分析 建一个基础母羊 500 只商品羊场，

年总盈利＝总收入－年种羊饲养总成本－年育成羊饲养总成本－年医药、水电、运输、业务管理总摊销－年总工资－年固定资产总摊销－年种羊总摊销

每售 1 只育成羊盈利＝年总盈利/总育成数

（四）案例

北方某地一养羊专业户，放牧饲养成年绒用母山羊 150 只，1 岁育成母羊 50 只，成年公羊 3 只。计算全年饲养成本及经济效益。

1. 饲养成本

（1）建立围栏放牧，围栏使用 10 年，年折旧费 3 000 元。

（2）草场补播费、水井修建费年均 2 000 元。

（3）成年母羊折旧费（每只母羊按 800 元计算，饲养 6 年淘汰，每只羊折旧费用 133 元）19 950 元。

（4）放牧及管理工 2 人，年工资 30 000 元。

（5）羊冬春补饲饲料费（补饲 5 个月，加上羔羊，年补饲料的羊数为 340 只，日均每只补饲 200 g，每千克混合精料 2 元）20 400 元。

（6）羊的驱虫、药浴及防疫费（每只羊年均 3 元）1 020 元。

（7）牧业税金 200 元。

（8）其他杂费（包括小型工具费）2 000 元。

以上饲养管理费共 78 570 元。

2. 养羊收入

（1）羊绒收入（公、母羊及育成羊每只抓绒 0.4 kg，每千克售价 550 元）44 000 元。

（2）羔羊收入（羔羊繁殖成活率 95%，每年育活羔羊 143 只，每只折价 300 元）42 900 元。

（3）销售肉用羯羊及淘汰母羊收入（年销售 50 只，每只售价 500 元）25 000 元。

全年收入共 111 900 元。

经济效益＝产值－成本－税金，即利润＝收入－成本

3. 全年总收入　全年纯收入 33 330（111 900－78 570）元。

在养羊生产实践中，为了降低成本，在羊舍建筑、技术措施的应用、繁殖方式、饲料搭配及组成等方面也要因地制宜，考虑其经济成本。

复习题

一、填空题

1. 称重是衡量羊生长发育的重要指标，也是检查饲养管理工作的重要依据，包括________、________、________、________。

2. ________是决定工作日程以及制订生产计划的依据，是提高羊场生产管理、保证羊场高效发展的前提。

3. ________是羊场行使组织、指挥、监督、控制等管理职能的依据，是对羊场一段时期内生产经营活动做出的统筹安排。

4. 羊群中按用途来看一般分三部分，即作为生产手段的________，用于更新和扩大基础公母群的________，以及用于育肥的________。

二、简述题

1. 保证羊场有序运行时，要做哪些日常管理工作？

2. 在羊场管理过程中，技术员有哪些职责？

3. 制订羊群免疫程序的注意事项有哪些？

小论坛

提高羊场经济效益方法有哪些？

参 考 文 献

鲍俊杰，张艳玲，2014. 肉羊养殖与防疫实用技术［M]. 北京：中国农业科学技术出版社.
陈晓华，刘海霞，2012. 牛羊生产技术［M]. 北京：中国农业科学技术出版社.
陈其新，2012. 肉羊标准化生产［M]. 郑州：河南科学技术出版社.
程凌，郭秀山，2010. 羊的生产与经营［M]. 2版. 北京：中国农业出版社.
褚万文，扈志强，2014. 肉牛肉羊养殖实用技术［M]. 北京：中国农业大学出版社.
丁鼎立，方永飞，2010. 养羊场粪污的治理和羊粪有机肥加工［C]. //中国畜牧业协会. 2010 中国羊业进展. 北京：中国农业科学技术出版社.
刁其玉，2015. 肉羊饲养实用技术［M]. 北京：中国农业科学技术出版社.
董宽虎，王仲兵，刘文忠，2013. 肉羊养殖实用手册［M]. 北京：中国农业科学技术出版社.
范颖，宋连喜，2008. 羊生产［M]. 北京：中国农业大学出版社.
国家畜禽遗传资源委员会，2011. 中国畜禽遗传资源志·羊志［M]. 北京：中国农业出版社.
黄明睿，王锋，2015. 肉用山羊养殖与疫病防治新技术［M]. 北京：中国农业科学技术出版社.
金功亮，齐侃虎，李晓清，等，1983. 西农莎能羊泌乳期的维持代谢能需要［J]. 西北农学院学报（1）：89-105.
李明，2009. 牛羊生产［M]. 北京：中国农业出版社.
马骏，岳井岗，2013. 舍饲养羊技术［M]. 北京：高等教育出版社.
毛杨毅，2009. 农户舍饲养羊配套技术［M]. 北京：金盾出版社.
孟和，2001. 羊的生产与经营［M]. 北京：中国农业出版社.
内蒙古农牧学院，1985. 畜牧业经济管理［M]. 北京：农业出版社.
吴健，2007. 畜牧学概论［M]. 北京：中国农业出版社.
肖西山，2008. 健康养羊关键技术［M]. 北京：中国农业出版社.
杨文平，岳文斌，高建广，2010. 轻轻松松学养羊［M]. 北京：中国农业出版社.
叶尔夏提·马力克，2013. 新疆博格达绒山羊［M]. 乌鲁木齐：新疆科学技术出版社.
岳炳辉，任建存，2014. 养羊与疾病防治［M]. 北京：中国农业出版社.
张英杰，2015. 羊生产学［M]. 北京：中国农业大学出版社.
赵有璋，2000. 羊生产学［M]. 北京：中国农业出版社.

图书在版编目（CIP）数据

羊的生产与经营/肖西山主编．—3版．—北京：中国农业出版社，2021.3

中等职业教育国家规划教材　全国中等职业教育教材审定委员会审定　中等职业教育农业农村部“十三五”规划教材

ISBN 978-7-109-27837-0

Ⅰ．①羊…　Ⅱ．①肖…　Ⅲ．①羊－饲养管理－中等专业学校－教材　Ⅳ．①S826

中国版本图书馆CIP数据核字（2021）第020105号

中国农业出版社出版

地址：北京市朝阳区麦子店街18号楼

邮编：100125

责任编辑：王宏宇　　文字编辑：张庆琼

版式设计：王　晨　　责任校对：赵　硕

印刷：中农印务有限公司

版次：2001年12月第1版　　2021年3月第3版

印次：2021年3月第3版北京第1次印刷

发行：新华书店北京发行所

开本：787mm×1092mm　1/16

印张：9.5

字数：212千字

定价：28.50元
